さらに！とにかくかわいいいきもの図《ず》鑑《かん》

監修：今泉忠明
イラスト：ふじもとめぐみ

西東社

はじめに

Lilac nishi buppousou p.18

世界《せかい》には、思《おも》わず「かわいい」と声《こえ》をあげてしまういきものや
抱《だ》きしめたくなるような、あいらしいいきものがたくさんいます。

この本《ほん》には、みんなにぜひ知《し》ってほしい
とびきりかわいいいきものがいっぱい！
ふわふわの大《おお》きな耳《みみ》をもつパピヨンや、
14色《しょく》のはねのライラックニシブッポウソウなど、
みりょく的《てき》ないきものがたくさん登場《とうじょう》します。

Papillon p.16

Ohtama ougigani p.24

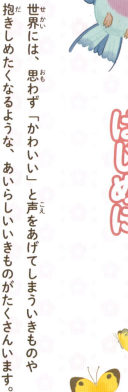

Ohsansyou uo p.80

Tibetto sunagitune p.92

ぬいぐるみのようなかわいらしさを持《も》ついきものだけでなく、
大《おお》きくてたくましいいきもの、変《か》わった姿《すがた》のいきもの、
ダラダラしていてなんだか心配《しんぱい》になっちゃういきものも。
おとぼけ顔《がお》のチベットスナギツネや
地味《じみ》すぎるけどそのためおそわれづらいトピなど
くすっと笑《わら》えたり、おうえんしたくなったりするいきものも
たっぷり紹介《しょうかい》します。

かわいさは、いきものの一面《いちめん》にすぎません。
「かわいい」の入《い》り口《ぐち》から、
おどろきに満《み》ちた世界《せかい》をいっしょに探《さぐ》りましょう。
かわいく見《み》える姿《すがた》の裏《うら》に、どんなヒミツがあるのでしょう?

さあ、ページをめくって、かわいいいきものの世界《せかい》へ!

なんでこんなに かわいいの?

この本《ほん》で理由《りゆう》がわかります

ふわかわいい 1

エゾリスは冬になると耳の毛がのびてうさぎみたくなる

14

1章 あこがれる！　ふわふわ・ふさふさのかわいいいきもの

エゾリスは、北海道の森にすんでいるリスです。全身が毛でおおわれていて、この毛の色は夏と冬でちょっと変わります。**夏はこげ茶色、冬は茶色がかった灰色**になり、季節によって変わる森の木々になじみます。このおかげで、敵から身を守ることができるんですよ。でも、あごの下や胸、お腹の毛は一年中白いんですって。

エゾリスは冬眠せず、冬の間も森で過ごしますが、毛の長さや密度が変化するから、寒くても大丈夫。冬の毛は、なんと夏の2倍の長さになるんだとか！　とくに**耳の毛は4センチにもなり、正面から見るとまるでうさぎの耳のよう**です。しっぽの毛もふっさふさになるんですよ。

毛の密度も冬のほうが濃く、保温性にすぐれています。冬に見られるもふもふのキュートな姿は、きびしい寒さを生き抜くためのものなのですね。

Profile プロフィール

エゾリス
- 分類：齧歯目リス科
- 大きさ：体長15～28センチ
- 生息地：北海道の平地から標高の高い森林

ちょっとひとこと　長いしっぽは、木の上でバランスをとるのに役立つよ

15

1 そのいきもののかわいいポイントを表《あらわ》す見出《みだ》しです。

2 いきもののかわいさがわかるように、とくちょうを強調《きょうちょう》したイラストです。

3 いきものの基本的《きほんてき》なことや、かわいらしいしぐさ、おもしろい話《はなし》などを解説《かいせつ》しています。

4 いきものの体《からだ》や暮《く》らしについてまとめた情報《じょうほう》です。

理由《りゆう》を知《し》ると、もっとかわいく見《み》える！

「かわいい」は愛情《あいじょう》のはじまり

Africa zou p.54

小《ちい》さなエゾリスを見《み》て、「かわいい」と思《おも》いますよね。逆《ぎゃく》に、世界最大《せかいさいだい》の陸上動物《りくじょうどうぶつ》であるアフリカゾウも、大《おお》きいのに意外《いがい》なかわいさを持《も》っています。たとえば、大《おお》きなゾウが赤《あか》ちゃんにやさしくする姿《すがた》がほほえましく、かわいいと感《かん》じます。「かわいい」は、いきものへの愛情《あいじょう》を深《ふか》める大事《だいじ》な気持《きも》ちなのですね。

見《み》た目《め》だけでなく声《こえ》やしぐさにもかわいさがある

小《ちい》さな子《こ》ネコがいっしょうけんめいに「ミー」と鳴《な》くのを聞《き》くと、守《まも》ってあげたくなりますよね。私《わたし》たちはいきものの声《こえ》やしぐさから、気持《きも》ちやメッセージを感《かん》じることができます。いきものを見《み》るとき、目《め》や耳《みみ》を働《はたら》かせると、新《あたら》しいかわいさを発見《はっけん》し、知《し》らなかったみりょくにどんどんひきこまれますよ。

Arumajiro p.104

「変《か》わってる」から「かわいい」への変化《へんか》を大切《たいせつ》に

Africa haigyo p.140

最初《さいしょ》は「変《か》わっているなあ」と思《おも》っても、よく観察《かんさつ》してみると、そのいきものにしかないかわいさやすごさが見《み》つかります。だから、すぐに「変《へん》だ！」と思《おも》うのではなく、「どんなかわいいところがあるかな？」と考《かんが》えながら観察《かんさつ》してみましょう。たくさんの「かわいい」が見《み》つかるはずです。

「かわいい」から世界《せかい》を平和《へいわ》に

もふもふしたものなどを見《み》て「かわいい」と声《こえ》をあげてしまうのは、「赤《あか》ちゃんを守《まも》りたい」という本能的《ほんのうてき》なものと考《かんが》えられています。コロンとしたいきものは人間《にんげん》の赤《あか》ちゃんと似《に》たところがあり、自然《しぜん》に愛情《あいじょう》を持《も》つのです。この気持《きも》ちをきっかけに、いきものへの理解《りかい》や興味《きょうみ》を育《そだ》て、世界《せかい》を「かわいい」で満《み》たしましょう！

Ta-biru p.42

「かわいい」は愛情《あいじょう》のあかし

もくじ

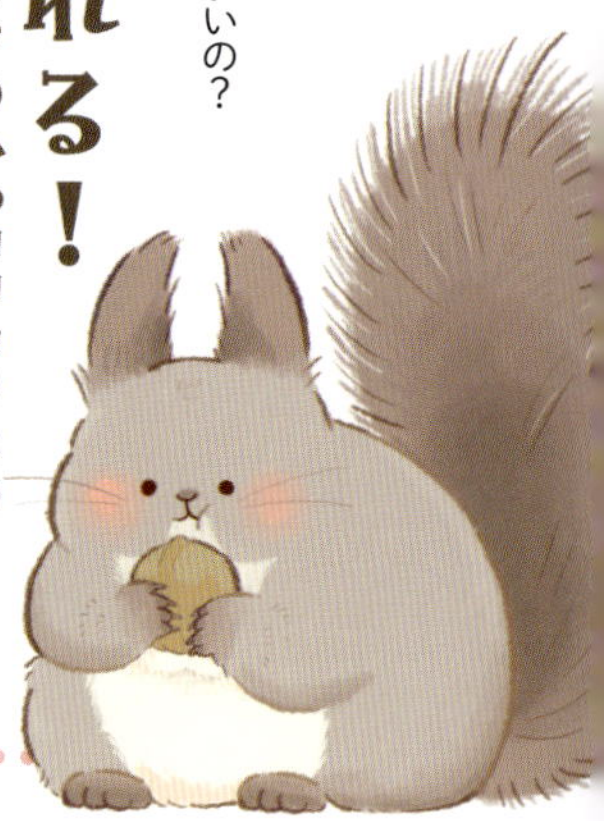

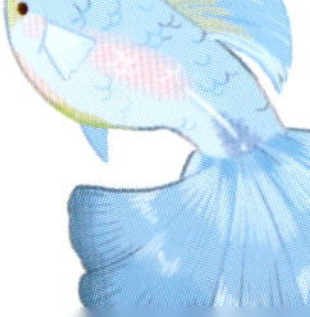

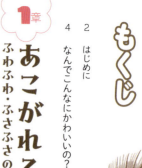

2章

ほのぼのする！
おおきいからこそかわいいいきもの

3章

ほほえましい！

よーくみたらかわいいいきもの

4章 にくめない！
やるきがなくてかわいいいきもの

いきものたちのファッションショー

1章

あこがれる！

ふわふわ・ふさふさの かわいい いきもの

夢《ゆめ》のようなラブリーワールドへようこそ！

ふわかわいい 1

エゾリスは冬《ふゆ》になると耳《みみ》の毛《け》がのびてうさぎみたくなる

エゾリスは、北海道《ほっかいどう》の森《もり》にすんでいるリスです。全身《ぜんしん》が毛《け》でおおわれていて、この毛《け》の色《いろ》は夏《なつ》と冬《ふゆ》でちょっと変《か》わります。**夏《なつ》はこげ茶色《ちゃいろ》、冬《ふゆ》は茶色《ちゃいろ》がかった灰色《はいいろ》**になり、季《き》節《せつ》によって変《か》わる森《もり》の木々《きぎ》になじみます。このおかげで、敵《てき》から身《み》を守《まも》ることができるんですよ。でも、あごの下《した》や胸《むね》、お腹《なか》の毛《け》は一年中白《ねんじゅうしろ》いんですって。

エゾリスは冬眠《とうみん》せず、冬《ふゆ》の間《あいだ》も森《もり》で過《す》ごしますが、毛《け》の長《なが》さや密度《みつど》が変化《へんか》するから、寒《さむ》くても大丈夫《だいじょうぶ》。冬《ふゆ》の毛《け》は、なんと夏《なつ》の2倍《ばい》の長《なが》さになるんだとか！　とくに**耳《みみ》の毛《け》は4センチにもなり、正面《しょうめん》から見《み》るとまるでうさぎの耳《みみ》のよう**です。しっぽの毛《け》もふっさふさになるんですよ。

毛《け》の密度《みつど》も冬《ふゆ》のほうが濃《こ》く、保温性《ほおんせい》にすぐれています。冬《ふゆ》に見《み》られるもふもふのキュートな姿《すがた》は、きびしい寒《さむ》さを生《い》き抜《ぬ》くためのものなのですね。

Profile
プロフィール

エゾリス

分類《ぶんるい》：齧歯目《げっしもく》リス科《か》

大《おお》きさ：体長《たいちょう》15～28センチ

生息地《せいそくち》：北海道《ほっかいどう》の平地《へいち》から標高《ひょうこう》の高《たか》い森林《しんりん》

ちょっとひとこと
長《なが》いしっぽは、木《き》の上《うえ》でバランスをとるのに役立《やくだ》つよ

ふわかわいい 2

パピヨンの耳《みみ》は毛《け》がふわりとゆれて空《そら》に舞《ま》うチョウのよう

パピヨンはフランス生《う》まれでペットとして人気《にんき》のあるイヌ。性格《せいかく》はかしこくて遊《あそ》び好《ず》きですが、上品《じょうひん》な雰囲気《ふんいき》をあわせ持《も》っています。古《ふる》くから上流社会《じょうりゅうしゃかい》で好《この》まれ、近世《きんせい》ヨーロッパの貴族《きぞく》の肖像画《しょうぞうが》にもよく登場《とうじょう》しているほどです。

パピヨンの一番《いちばん》のとくちょうといえば、**ピンと立《た》った大《おお》きな耳《みみ》。**長《なが》くてふさふさとした毛《け》が生《は》えています。パピヨンという名前《なまえ》はフランス語《ご》で「チョウ」という意味《いみ》ですが、その名《な》の通《とお》り、動《うご》くたびに**耳《みみ》の毛《け》が風《かぜ》にゆれる様子《ようす》はゆうがなチョウのよう。**

おもしろいことに、パピヨンと同《おな》じ犬種《けんしゅ》の中《なか》にたれ耳《みみ》のタイプもいます。こちらはフランス語《ご》で「ガ」を意味《いみ》する「ファレーヌ」と呼《よ》ばれています。「ファレン」はフランス語《ご》で美《うつく》しいものを表《あらわ》すといわれており、ファレーヌのやさしげな姿《すがた》もパピヨンに負《ま》けないみりょくがあります。

Profile
プロフィール

パピヨン

- **分類《ぶんるい》：**食肉目《しょくにくもく》イヌ科《か》
- **大《おお》きさ：**体高《たいこう》20～28センチ
- **生息地《せいそくち》：**原産《げんさん》はフランス、ベルギー。ペットとしては世界中《せかいじゅう》

ちょっとひとこと
かしこく、しつけもしやすい人気《にんき》のペットなんだ

ふわかわいい 3

ライラックニシブッポウソウは全身《ぜんしん》が14色《しょく》の美《うつく》しすぎる鳥《とり》

日《に》本《ほん》にもやってくるわたり鳥《どり》ブッポウソウを知《し》っていますか？　全身《ぜんしん》が青《あお》くキラキラ光《ひか》っているので「森《もり》の宝石《ほうせき》」とも呼《よ》ばれる鳥《とり》です。その仲間《なかま》のライラックニシブッポウソウという鳥《とり》が、アフリカにいます。なんと**はねの色《いろ》が14色《しょく》もあって、その姿《すがた》はまるで空《そら》にうかぶにじのよう。**

でもこの色《いろ》は本当《ほんとう》の色《いろ》ではないんですよ。はねのとくしゅな構造《こうぞう》が光《ひかり》を反射《はんしゃ》して生《う》み出《だ》した、「構造色《こうぞうしょく》」という色《いろ》なんです。つまり、はね自体《じたい》に色《いろ》がついているわけではなく、**光《ひかり》の当《あ》たり方《かた》でカラフルな色《いろ》に見《み》える**というわけ。

ふだんは1羽《わ》かペアで、アカシアの木《き》が生《は》えた乾燥《かんそう》した草原《そうげん》で暮《く》らしています。恋《こい》の季節《きせつ》になると、オスはくるくる回《まわ》りながら飛《と》んで、メスに「結婚《けっこん》しよう」とアピールします。空《そら》に舞《ま》いおどる姿《すがた》は、まるでダンスパーティーです。

Profile
プロフィール

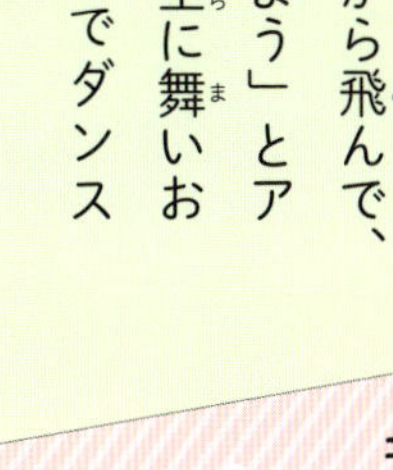

ライラックニシブッポウソウ

- **分類《ぶんるい》：** ブッポウソウ目《もく》ブッポウソウ科《か》
- **大《おお》きさ：** 全長《ぜんちょう》36～40センチ
- **生息地《せいそくち》：** アフリカ中東部《ちゅうとうぶ》、南部《なんぶ》

ちょっとひとこと
アフリカのボツワナ共和国《きょうわこく》の国鳥《こくちょう》（国《くに》のシンボルである鳥《とり》）だよ

ふわかわいい●4

グッピーのヒレは まるでお姫《ひめ》様《さま》の ドレスみたい！

グッピーは、小《ちい》さくてきれいな熱帯魚《ねったいぎょ》です。ペットとしても人気《にんき》ですよね。**ドレスのような大《おお》きくてきれいな尾《お》ビレ**を持《も》っているのは、じつはオス。背《せ》ビレも胸《むね》ビレも、メスより大《おお》きいんです。

メスはオスよりも地味《じみ》ですが、ふっくらとした体《からだ》つきで、お腹《なか》には黒《くろ》い点《てん》があります。ヒレが小《ちい》さいので、オスよりも速《はや》く泳《およ》ぐことができるんですよ。

このグッピー、赤《あか》ちゃんの産《う》み方《かた》が独特《どくとく》。ほかの魚《さかな》のように卵《たまご》を産《う》まず、お腹《なか》の中《なか》で卵《たまご》をふ化《か》させてから産《う》む、「卵胎生《らんたいせい》」という方法《ほうほう》で出産《しゅっさん》します。出《で》てきた稚魚《ちぎょ》（赤《あか》ちゃん）は、体長《たいちょう》わずか5～7ミリほどなのに、大人《おとな》とほぼ同《おな》じ形《かたち》！　水温《すいおん》が高《たか》いと、ママは1か月《げつ》に1回《かい》ほど、10～20匹《ぴき》を産《う》みます。**ベテランになると100匹《ぴき》も産《う》む**ことがあるんですって！　たくさんの小《ちい》さなグッピー、見《み》てみたいかも。

Profile
プロフィール

グッピー

- 分類《ぶんるい》：カダヤシ目《もく》カダヤシ科《か》
- 大《おお》きさ：体長《たいちょう》3～4センチ（オス）、4～6センチ（メス）
- 生息地《せいそくち》：南米原産《なんべいげんさん》。ペットとしては世界中《せかいじゅう》

ちょっとひとこと
名前《なまえ》は発見《はっけん》した植物学者《しょくぶつがくしゃ》「レクメア・グッピー」に由来《ゆらい》

ふわかわいい 5

ホオジロカンムリヅルは かざりばねが まるでティアラ

ホオジロカンムリヅルは、アフリカの草原《そうげん》や湿地《しっち》にすむ鳥《とり》。体全体《からだぜんたい》が濃《こ》い灰色《はいいろ》の羽毛《うもう》でおおわれており、つばさは白《しろ》く、顔《かお》には黒《くろ》と白《しろ》のもようと、赤《あか》い部分《ぶぶん》もあります。カラフルで美《うつく》しい姿《すがた》は、多《おお》くの人々《ひとびと》にあいされ、ウガンダの国鳥《こくちょう》として国旗《こっき》にもえがかれています。

最大《さいだい》のとくちょうは、**頭《あたま》の上《うえ》に生《は》える金色《きんいろ》のかざりばね**です。頭《あたま》の上《うえ》でパッと広《ひろ》がっていて、チアリーダーが持《も》っているポンポンや、花火《はなび》のようです。

はんしょく期《き》になると、オスとメスはいっしょにダンスをします。はねを広《ひろ》げて飛《と》びはねたり、頭《あたま》を下《さ》げておじぎをしたり、まるでバレエダンサー！　ダンスの動《うご》きに合《あ》わせて光《ひか》る頭《あたま》のはねは、まるで**王子様《おうじさま》の王《おう》かんや、お姫様《ひめさま》のティアラのよう**にかがやきます。このダンスは、仲間同士《なかまどうし》のつながりを深《ふか》めるためにも行《おこな》われるそうです。

Profile
プロフィール

ホオジロカンムリヅル

- **分類《ぶんるい》：** ツル目《もく》ツル科《か》
- **大《おお》きさ：** 全長《ぜんちょう》1～1.1メートル
- **生息地《せいそくち》：** アフリカ東部《とうぶ》～南部《なんぶ》

ちょっとひとこと
後《うし》ろ向《む》きのあし指《ゆび》が発達《はったつ》していて、木《き》の上《うえ》で休《やす》めるよ

ふわかわいい 6

オオタマオウギガニは脱皮《だっぴ》が終《お》わると雪《ゆき》だるまに変身《へんしん》

オオタマオウギガニは、おまんじゅうのようにまん丸《まる》な体《からだ》のカニ。大《おお》きさは5センチほどで、ちょこちょこと横歩《よこある》きする姿《すがた》がとってもキュート！**全身《ぜんしん》がふわふわとした毛《け》でおおわれ**、目《め》の上《うえ》に生《は》えている毛《け》はまるでツノのように見《み》えます。

いつもはかくれて生活《せいかつ》しているため、海《うみ》で見《み》かけることはあまりありません。どこにいるかといえば、カイメンや岩場《いわば》、サンゴにくっついていることが多《おお》いんです。こうすることで、ふさふさの体《からだ》が背景《はいけい》になじみます。すると、敵《てき》から見《み》えにくくなり、身《み》を守《まも》ることができるというわけ。

でも、和歌山県《わかやまけん》にある水《すい》族館《ぞくかん》ではこのめずらしいカニが見《み》られます。なんと貴《き》重《ちょう》な脱皮《だっぴ》の観察《かんさつ》にも成功《せいこう》。脱皮直後《だっぴちょくご》のカニとは思《おも》えない**真《ま》っ白《しろ》いふさふさの毛《け》におおわれた**姿《すがた》が、雪《ゆき》だるまみたいだとSNS《エスエヌエス》でも大《おお》きな話題《わだい》になりました。

Profile
プロフィール

オオタマオウギガニ

- 分類《ぶんるい》：十脚目《じっきゃくもく》オウギガニ科《か》
- 大《おお》きさ：甲幅約《こうはばやく》5センチ
- 生息地《せいそくち》：房総半島《ぼうそうはんとう》から南太平洋《みなみたいへいよう》、インド洋《よう》まで広《ひろ》く分布《ぶんぷ》

ちょっとひとこと
和歌山県《わかやまけん》の「すさみ町立《ちょうりつ》エビとカニの水族館《すいぞくかん》」で飼育中《しいくちゅう》。見《み》られたらラッキー

キタイワトビペンギンは かざりばねがふっさふさの ほうがモテる!?

目《め》の上《うえ》にかざりばねがあるペンギンを見《み》たことがありますか? それは、イワトビペンギンと呼《よ》ばれるグループのペンギンです。ほかのペンギンと同《おな》じ二足歩行《にそくほこう》ですが、よく両足《りょうあし》をそろえて飛《と》びはねて進《すす》みます。

日本《にほん》の水族館《すいぞくかん》や動物園《どうぶつえん》で見《み》られるかざりばねのあるペンギンは、ミナミイワトビペンギン、キタイワトビペンギン、マカロニペンギン。なかでも、**キタイワトビペンギンはかざりばねが特別《とくべつ》に長《なが》い**のがとくちょう。はねといってもふわふわしておらず、風《かぜ》や水《みず》に強《つよ》いしっかり系《けい》でふっさふさ。首《くび》のあたりまでたれるほどの長《なが》さがあります。

ボリュームがありすぎて、じゃまなの

では？と思《おも》われそうですが、このかざりばねは、ほかのペンギンとのコミュニケーションに役立《やくだ》ちます。かざりばねが立派《りっぱ》なほど、**仲間《なかま》やパートナーにアピールする力《ちから》が強《つよ》くなる**そうですよ。

Profile
プロフィール

キタイワトビペンギン

- **分類《ぶんるい》：** ペンギン目《もく》ペンギン科《か》
- **大《おお》きさ：** 全長約《ぜんちょうやく》55センチ
- **生息地《せいそくち》：** 亜南極付近《あなんきょくふきん》の島々《しまじま》ではんしょく

ちょっとひとこと
岩場《いわば》を飛《と》びはねるの意味《いみ》で、イワトビの名前《なまえ》がついたよ

シロイワヤギは ふわふわの雲《くも》のような姿《すがた》でがけを移動《いどう》する

シロイワヤギは北《きた》アメリカの高《たか》い山《やま》にすむヤギの仲間《なかま》。生息地《せいそくち》の山《やま》はけわしく、がけを登《のぼ》る能力《のうりょく》にすぐれています。先《さき》が2つに分《わ》かれたひづめで岩《いわ》をつかむようにして、地面《じめん》から垂直《すいちょく》に切《き》り立《た》つがけもスイスイ移動《いどう》できます。

体《からだ》は黄色《きいろ》がかった白《しろ》くて長《なが》い毛《け》でおおわれ、**まるで大《おお》きな白《しろ》い雲《くも》が岩場《いわば》に流《なが》れていくよう。**この毛《け》、じつは2層構造《そうこうぞう》になっていて、内側《うちがわ》にはアンダーコートと呼《よ》ばれるやわらかい毛《け》、外側《そとがわ》にはガードヘアと呼《よ》ばれる長《なが》い毛《け》が生《は》えています。空気《くうき》を多《おお》くふくむアンダーコートが冷《つめ》たい空気《くうき》をさえぎり、体温《たいおん》を保《たも》ちます。ガードヘアは、やわらかなアンダーコートを守《まも》りつつ、風《かぜ》や雪《ゆき》、雨《あめ》から体《からだ》

をガードしてくれます。赤《あか》ちゃんは体温調節機能《たいおんちょうせつきのう》が未熟《みじゅく》ですが、**生《う》まれもったふわふわの毛《け》が体《からだ》を温《あたた》かく保《たも》ち、守《まも》ってくれている**のです。

Profile
プロフィール

シロイワヤギ

- 分類《ぶんるい》：偶蹄目《ぐうていもく》ウシ科《か》
- 大《おお》きさ：体長《たいちょう》1.2〜1.6メートル
- 生息地《せいそくち》：アメリカ・カナダの山岳地帯《さんがくちたい》

ちょっとひとこと
赤《あか》ちゃんは生《う》まれてすぐ立《た》ち上《あ》がるよ！

ふわかわいい 9

ライチョウは夏《なつ》はチョコパン冬《ふゆ》は大福《だいふく》

ライチョウは、まだ日《に》本《ほん》と大陸《たいりく》が陸《りく》つづきだった氷河期《ひょうがき》に、日本《にほん》にやってきたとされる鳥《とり》です。地球《ちきゅう》がだんだん暖《あたた》かくなったころには大陸《たいりく》との間《あいだ》には海《うみ》ができていて、元《もと》の場所《ばしょ》に帰《かえ》ることができなくなってしまいました。そのため、涼《すず》しい場所《ばしょ》を求《もと》めて移動《いどう》し、今《いま》は、2500メートル以《い》上《じょう》の高山《こうざん》に暮《く》らしています。夏《なつ》は涼《すず》しく、冬《ふゆ》はとても寒《さむ》い場所《ばしょ》です。

ライチョウの羽毛《うもう》は、なんと1年《ねん》に3回《かい》も生《は》え変《か》わります。はんしょく期《き》を迎《むか》える春《はる》には、オスのはねは黒《くろ》っぽいかっ色《しょく》、メスのはねは黄色《きいろ》っぽいかっ色《しょく》に。夏《なつ》になると**白《しろ》・黒《くろ》・茶《ちゃ》のまだらもようになり、チョコレートのパン**みたい。このおかげで岩場《いわば》や草《くさ》むらに身《み》をかくしやすくなります。

冬《ふゆ》は体中《からだじゅう》に厚《あつ》くふさふさの白《しろ》い羽毛《うもう》が生《は》え、**尾《お》ばね以外《いがい》は真《ま》っ白《しろ》に。**全《ぜん》身《しん》のシルエットはまん丸《まる》で、まるで大福《だいふく》のようです。

Profile
プロフィール

ライチョウ

- **分類《ぶんるい》:** キジ目《もく》ライチョウ科《か》
- **大《おお》きさ:** 全長約《ぜんちょうやく》37センチ
- **生息地《せいそくち》:** 本州中部《ほんしゅうちゅうぶ》の高山《こうざん》

ちょっとひとこと
日本《にほん》の特別天然記念物《とくべつてんねんきねんぶつ》だよ

ふわかわいい 10

マルハナバチはぬいぐるみみたいなのにめっちゃ働《はたら》き者《もの》

ハチには、スズメバチなどの危険《きけん》なハチもいますが、見《み》た目《め》がまん丸《まる》・もふもふでキュートなハチもいます。ミツバチの仲間《なかま》で、**「空飛《そらと》ぶぬいぐるみ」とも呼《よ》ばれる**マルハナバチです。

植物《しょくぶつ》のおしべから出《で》た花粉《かふん》がめしべにつくことを「受粉《じゅふん》」といいますが、ハチは多《おお》くの植物《しょくぶつ》の受粉《じゅふん》を行《おこな》っています。マルハナバチも同《おな》じ。全身《ぜんしん》をおおっているもふもふの毛《け》に効率《こうりつ》よく花粉《かふん》がつくので、別《べつ》の花《はな》に運《はこ》びやすくなっています。

マルハナバチは、農家《のうか》が栽培《さいばい》しているトマトの受粉《じゅふん》でも大活《だいかつ》やく！　トマトの花《はな》はみつを出《だ》さないのでミツバチがやってきませんが、マルハナバチはみつがなくても大丈夫《だいじょうぶ》。トマトのおしべにぶら

下《さ》がり、**胸《むね》の筋肉《きんにく》をふるわせて花粉《かふん》を落《お》とし、もふもふの毛《け》につけるという特技《とくぎ》**で、トマトの受粉《じゅふん》をすることができるんです。植物《しょくぶつ》にとってマルハナバチは、大切《たいせつ》なパートナーなんですね。

Profile
プロフィール

オオマルハナバチ

- **分類《ぶんるい》**：ハチ目《もく》ミツバチ科《か》
- **大《おお》きさ**：体長《たいちょう》12〜20ミリ
- **生息地《せいそくち》**：北海道《ほっかいどう》、本州《ほんしゅう》、四国《しこく》、九州《きゅうしゅう》

ちょっとひとこと
ノネズミの古巣《ふるす》を利用《りよう》して巣《す》をつくることもあるよ

ふわかわいい 11

パシフィックシーネットルはフリルをまとった美《うつく》しいクラゲ

パシフィックシーネットルは、カサの直径《ちょっけい》が1メートル以上《いじょう》になることもある、世界《せかい》でも最大《さいだい》クラスのクラゲです。カサは濃《こ》い黄色《きいろ》から茶色《ちゃいろ》へグラデーションがかかっていて、ゆうがに海中《かいちゅう》をただよう様《よう》子《す》は、まるで**フリルのついたリボンが宙《ちゅう》を舞《ま》っているかのよう。**

カサのまわりには、食《た》べ物《もの》をつかまえるための赤色《あかいろ》のしょく手《しゅ》が24本《ほん》もついています。カサの中心《ちゅうしん》からのびているリボンのようなものは「口腕《こうわん》」といって、えものを口《くち》に運《はこ》ぶ役割《やくわり》があります。

名前《なまえ》を直訳《ちょくやく》すると「太《たい》平洋《へいよう》の海《うみ》のイラクサ」。イラクサとはトゲのある植《しょく》物《ぶつ》のことで、このイラクサにさわるとかぶれたりはれたりするのですが、**パシフィックシーネットルも強《つよ》い毒《どく》を持《も》っています。**この毒《どく》を使《つか》ってほかのクラゲを食《た》べることもあるそうですよ。美《うつく》しい姿《すがた》でも、油断《ゆだん》は禁物《きんもつ》ですね！

Profile
プロフィール

パシフィックシーネットル
（アメリカヤナギクラゲ）

- **分類《ぶんるい》：** 旗口《はたぐち》クラゲ目《もく》オキクラゲ科《か》
- **大《おお》きさ：** 全長《ぜんちょう》2～4メートル
- **生息地《せいそくち》：** 北《きた》アメリカの太平洋沿岸《たいへいようえんがん》

ちょっとひとこと
自力《じりき》で泳《およ》げないけど、ただよいながらプランクトンや小魚《こざかな》をつかまえるよ

ふわかわいい 12

キツネの毛《け》は天然《てんねん》のダウンジャケット しっぽはマフラー代《が》わり

日《に》本《ほん》には、北海道《ほっかいどう》にキタキツネ、それ以外《いがい》の地域《ちいき》にホンドギツネがいます。どちらとも、もふもふな毛《け》とふさふさのしっぽがトレードマークです。

どちらのキツネの毛《け》も、シロイワヤギと同《おな》じように外側《そとがわ》がガードヘアという長《なが》くて丈夫《じょうぶ》な毛《け》、内側《うちがわ》はアンダーコートという毛《け》の2層構造《そうこうぞう》になっています。寒《さむ》いときはしっぽを体《からだ》にくるんと巻《ま》きつければ、**マフラーのように寒《さむ》さから身《み》を守《まも》ってくれる**んですよ。

キタキツネとホンドギツネのちがいは、体《からだ》の大《おお》きさと毛《け》の色《いろ》。キタキツネのほうがホンドギツネより大《おお》きく、足元《あしもと》が黒《くろ》いのがとくちょうです。北海道《ほっかいどう》では、キタキツネが畑《はたけ》や観光地《かんこうち》に現《あらわ》れるのをよ

く見《み》かけます。

ちなみに「キツネ色《いろ》」といわれる色《いろ》は、**草《くさ》むらや森《もり》の中《なか》で身《み》をかくすのに役《やく》立《だ》つ**んですよ。色《いろ》や形《かたち》にも生《い》きのびるための理《り》由《ゆう》がちゃんとあるんですね！

Profile
プロフィール

キツネ

- **分類《ぶんるい》**：食肉目《しょくにくもく》イヌ科《か》
- **大《おお》きさ**：体長《たいちょう》58～90センチ
- **生息地《せいそくち》**：キタキツネは北海道《ほっかいどう》、ホンドギツネは本州《ほんしゅう》、四国《しこく》、九州《きゅうしゅう》

ちょっとひとこと
雪《ゆき》を歩《ある》くとき、前《まえ》あしのあとに後《うし》ろあしを置《お》くので
あしあとは点々《てんてん》と一直線《いっちょくせん》

ふわかわいい 13

ラッコの毛《け》は あたたかくて水《みず》をはじく 最強《さいきょう》の防寒具《ぼうかんぐ》

ロシアやアラスカなどの冷《つめ》たい海《うみ》で暮《く》らすラッコは、もっとも毛深《けぶか》いいきもののひとつ。たっぷり生《は》えた毛《け》は水《みず》をはじき、海《うみ》でも体《からだ》はぬれません。

ラッコが**前《まえ》あしで体《からだ》をごしごし、顔《かお》をムニムニこすっている**のを見《み》たことがありますか? グルーミングと呼《よ》ばれるこのかわいらしいしぐさで、毛《け》の間《あいだ》に空気《くうき》をたっぷりふくませます。これにより体温《たいおん》が保《たも》たれ、海《うみ》にぷかぷか安定《あんてい》して浮《う》いていられるんです。

日本《にほん》では、**一番多《いちばんおお》いときで122頭《とう》ものラッコ**が飼育《しいく》されていましたが、2025年《ねん》2月現在《がつげんざい》は鳥羽《とば》水族館《すいぞくかん》(三重県《みえけん》)のキラとメイの2頭《とう》のみ。2025年《ねん》1月《がつ》に亡《な》くなったマリンワールド海《うみ》の中道《なかみち》(福岡県《ふくおかけん》)のリロは、大《おお》きく毛《け》がふさふさで、輪《わ》っかのおもちゃで遊《あそ》ぶ姿《すがた》が多《おお》くの人《ひと》にあいされていました。機会《きかい》があれば、ぜひラッコに会《あ》いに行《い》ってみてくださいね!

Profile プロフィール

ラッコ

- **分類《ぶんるい》:** 食肉目《しょくにくもく》イタチ科《か》
- **大《おお》きさ:** 全長《ぜんちょう》120~150センチ
- **生息地《せいそくち》:** 北太平洋《きたたいへいよう》の冷《つめ》たい海《うみ》、アラスカ~カリフォルニア、千島列島《ちしまれっとう》など

ちょっとひとこと
わきのたるみに貝《かい》や石《いし》を入《い》れることがあるよ

ふわかわいい 14

ユキムシは 冬《ふゆ》の訪《おとず》れをつげる ふわふわの雪《ゆき》の結晶《けっしょう》

ユキムシはアブラムシの仲間《なかま》の虫《むし》。体長《たいちょう》は3〜5ミリと雪《ゆき》の結晶《けっしょう》ほどの大《おお》きさです。本州《ほんしゅう》ではあまり見《み》かけませんが、北海道《ほっかいどう》では広《ひろ》く知《し》られています。

ユキムシというのは冬前《ふゆまえ》に飛《と》ぶ小《ちい》さい虫《むし》の総称《そうしょう》。「トドノネオオワタムシ」などが正式《せいしき》な名前《なまえ》です。その名《な》の通《とお》り、よく見《み》ると、**はねの下《した》の胴体部分《どうたいぶぶん》は白《しろ》い綿《わた》のようなものでおおわれていて**、とてもかわいらしい姿《すがた》。綿《わた》に見《み》えるものは、寒《さむ》さやしっけから身《み》を守《まも》ったり、雨《あめ》をはじくかっぱのような役目《やくめ》も果《は》たしたりしています。またこの姿《すがた》は、鳥《とり》などの敵《てき》から身《み》をかくす効果《こうか》もあります。

秋《あき》になると、ユキムシは産卵《さんらん》のために木《き》から木《き》へと移動《いどう》します。この姿《すがた》が見《み》られると、**まもなく冬《ふゆ》がやってくるという合図《あいず》**なんですって。寿命《じゅみょう》はおよそ1週間《しゅうかん》と短《みじか》い命《いのち》ですが、小《ちい》さな体《からだ》でけんめいに生《い》きているんですね。

Profile
プロフィール

ユキムシ

- **分類《ぶんるい》**：カメムシ目《もく》アブラムシ上科《じょうか》
- **大《おお》きさ**：体長《たいちょう》3〜5ミリ
- **生息地《せいそくち》**：北海道《ほっかいどう》、東北地方《とうほくちほう》

ちょっとひとこと
トドマツという木《き》の根元《ねもと》にすむから、トドノネオオワタムシ

ふわかわいい 15

ジャービルは手《て》のひらサイズのもふもふボール

ペットとして人気上昇中《にんきじょうしょうちゅう》のジャービルは、手《て》のひらサイズのネズミの仲間《なかま》です。日本《にほん》では「スナネズミ」という名前《なまえ》で呼《よ》ばれることがあります。人《ひと》なつっこくて社交的《しゃこうてき》な性格《せいかく》なので、**手《て》のひらにのせたり、なでたりしてふれあいが楽《たの》しめます。**砂《すな》あびをして体《からだ》の汚《よご》れを落《お》とすなど、きれい好《ず》きで体《からだ》のにおいが少《すく》なめなのもとくちょうです。

ジャービルの仲間《なかま》は種類《しゅるい》も多《おお》く、とっても個性豊《こせいゆた》か。さまざまな毛色《けいろ》のカラージャービルや、しっぽの太《ふと》いファットテイルジャービルなどもいます。

野生《やせい》のジャービルは、オスとメスのペアとその子《こ》どもたちとで、さばくや乾燥《かんそう》した砂地《すなち》、草原《そうげん》などにすんでいます。穴《あな》

堀《ほ》りが得意《とくい》なので、ふだんは地中《ちちゅう》に巣《す》穴《あな》を掘《ほ》ってその中《なか》で暮《く》らしているんですって。**まん丸《まる》のジャービルが家族《かぞく》で集《あつ》まっている**様子《ようす》、想像《そうぞう》しただけでほほえましいですよね。

Profile
プロフィール

ジャービル

- 分類《ぶんるい》：齧歯目《げっしもく》ネズミ科《か》
- 大《おお》きさ：体長《たいちょう》10〜12.5センチ
- 生息地《せいそくち》：中国《ちゅうごく》、モンゴルなど。ペットとしては世界中《せかいじゅう》

ちょっとひとこと
毛《け》でふさふさのしっぽは立《た》ったときにバランスをとるのに役立《やくだ》つよ

column

［コラム］

おいしそうな名前《なまえ》

お菓子《かし》や甘《あま》い物《もの》の名前《なまえ》がついたいきもの、意外《いがい》といるんです。おいしそうですが、もちろん食《た》べられません。さわるとトゲトゲだったりするものもいて、さらにびっくりです！

コラム❶

コンペイトウウミウシはオレンジ色《いろ》のコンペイトウ

わたしは コンペイトウウミウシ
よいしょ よいしょ
動《うご》く姿《すがた》は ハイハイする 赤《あか》ちゃんみたいでしょ
人間《にんげん》からはよく おいしそうって 言《い》われるよ
おいしそう
キャ〜
でもね このもようは…
そっか！
敵《てき》の目《め》を ごまかすためだね！

Data

- 分類《ぶんるい》／裸鰓目《らさいもく》ツヅレウミウシ科《か》
- 大《おお》きさ／最大体長約《さいだいたいちょうやく》100ミリ
- 生息地《せいそくち》／西太平洋《にしたいへいよう》

解説《かいせつ》

日本《にほん》のまわりの海《うみ》には1400種《しゅ》ものウミウシがいるとされ、どの種類《しゅるい》もみんなカラフル。なかでもコンペイトウウミウシは、半透明《はんとうめい》の白《しろ》い体《からだ》に突起《とっき》があり、先《さき》っぽはあざやかなオレンジ色《いろ》。まさにお菓子《かし》のコンペイトウそのものです。でも、カラフルなサンゴの海《うみ》ではかえって目立《めだ》たないのです。

コラム❷

スカシカシパンは甘食《あましょく》のようなウニ

ぼくの名前《なまえ》は
スカシカシパン
甘食《あましょく》っていう
菓子《かし》パン
からきてるよ
あま〜〜い
外国《がいこく》ではサンドダラー
（砂《すな》のコイン）って
呼《よ》ばれてるんだ
でもぼくは
ウニの仲間《なかま》なんだよ！
似《に》てない
けどね〜
ね〜

Data

- 分類《ぶんるい》／カシパン目《もく》スカシカシパン科《か》
- 大《おお》きさ／カラの長《なが》さ約《やく》120ミリ
- 生息地《せいそくち》／日本《にほん》近海《きんかい》（相模湾《さがみわん》、福井県《ふくいけん》沿岸《えんがん》以南《いなん》）

解説《かいせつ》

スカシカシパンはウニの仲間《なかま》のいきもの。名前《なまえ》は菓子《かし》パンの「甘食《あましょく》」にちなんだものです。全身《ぜんしん》は平《ひら》べったく、色《いろ》は白《しろ》や茶色《ちゃいろ》などがあって、ちょっとパンケーキのようでもあります。体《からだ》にある穴《あな》（スカシ）まであって、花《はな》のよう！ とってもおしゃれですよね。

コラム❸

パンケーキリクガメのこうらはまるでパンケーキ

Data

●分類《ぶんるい》／カメ目《もく》リクガメ科《か》

●大《おお》きさ／最大《さいだい》甲長《こうちょう》約《やく》17.7センチ

●生息地《せいそくち》／ケニア、タンザニア、ザンビアの乾燥《かんそう》した岩場《いわば》

解説《かいせつ》

こうらがやわらかいパンケーキリクガメ。敵《てき》に見《み》つかるともうれつなスピードで岩《いわ》のすきまにすっぽりと入《はい》りこみます。さらに息《いき》を吸《す》いこみ、やわらかいこうらをふくらませて体《からだ》をがっちりと固定《こてい》させるため、敵《てき》は引《ひ》っ張《ぱ》り出《だ》すこともできません。ふしぎなカメなんですね！

コラム④

スベスベマンジュウガニは絶《ぜっ》対《たい》食《た》べちゃダメ！

Data

- 分類《ぶんるい》／十脚目《じっきゃくもく》オウギガニ科《か》
- 大《おお》きさ／甲幅《こうはば》約《やく》4.5センチ
- 生息地《せいそくち》／房総半島《ぼうそうはんとう》～沖縄諸島《おきなわしょとう》の海辺《うみべ》の岩場《いわば》やサンゴ礁《しょう》

解説《かいせつ》

スベスベマンジュウガニは、だ円形《えんけい》の丸《まる》っこいこうらがまるでおまんじゅうのよう。色《いろ》は赤《あか》や紫《むらさき》がかった茶色《ちゃいろ》で、白《しろ》いレースのようなもようがきれいです。毛《け》やトゲなどはなく表《ひょう》面《めん》はツルツル・スベスベ。でもじつはフグと同《おな》じく、テトロドトキシンなどのもう毒《どく》を持《も》ついきものなのです。

特大《とくだい》サイズのキュートをあなたへ

2章

ほのぼのする！

おおきいからこそ
かわいいいきもの

ビッグな「かわいい」大集合《だいしゅうごう》！

デカかわいい 1

メイン・クーンは しっぽまでもふもふな 巨大《きょだい》ネコ

ネコの中《なか》でも、最大級《さいだいきゅう》とされるのがメイン・クーン。大《おお》きい個体《こたい》では10キロをこえることもあり、**全長《ぜんちょう》123センチにもなった**という記録《きろく》も残《のこ》っています。ペットのネコは、大人《おとな》になっても30～60センチ（しっぽはのぞく）なので、メイン・クーンの大《おお》きさがとびぬけていることがわかります。

メイン・クーンは大《おお》きいだけでなく、ほかのネコに比《くら》べて、毛《け》も長《なが》めでもっふもふです。とくに**しっぽの毛《け》は長《なが》く、ボリューム満点《まんてん》！**　ちょっと強《つよ》めにしっぽをふると、小《ちい》さな風《かぜ》を感《かん》じるほど。寒《さむ》い季節《きせつ》には、温《あたた》かい毛布《もうふ》のようなメイン・クーンを抱《だ》きしめて眠《ねむ》りたいですよね。

性格《せいかく》は人《ひと》なつっこく、人《ひと》とのコミュニケーションも好《この》みます。家族《かぞく》の一員《いちいん》としてかわいがられるため、「ジェントル・ジャイアント（おだやかな巨人《きょじん》）」なんて呼《よ》ばれているんですよ。

Profile
プロフィール

メイン・クーン

- **分類《ぶんるい》：** 食肉目《しょくにくもく》ネコ科《か》
- **大《おお》きさ：** 体重《たいじゅう》6～10キロ（オス）
- **生息地《せいそくち》：** アメリカのメイン州原産《しゅうげんさん》とされる。ペットとしては世界中《せかいじゅう》

ちょっとひとこと
ひたいにあるM字《エムじ》もようがトレードマークだよ

デカかわいい 2

イッカクの神秘的《しんぴてき》なツノはじつは長《なが》すぎる歯《は》

北《ほっ》極《きょく》の冷《つめ》たい海《うみ》に暮《く》らすクジラの仲間《なかま》、イッカク。最大《さいだい》のとくちょうは、長《なが》い1本《ぽん》のツノです。このツノが生《は》えた姿《すがた》、何《なに》かに似《に》ていませんか？　そう、つばさが生《は》えた伝説《でんせつ》の馬《うま》、ユニコーンです。イッカクは**「海《うみ》のユニコーン」とも呼《よ》ばれています。**長《なが》いツノを持《も》つのはオスのみ。ツノは最大《さいだい》で3メートルにもなり、とても神秘的《しんぴてき》です。

しかしこのツノ、じつは「キバ」、つまり「歯《は》」なんです。イッカクには上《うわ》あごにうもれた2本《ほん》の歯《は》があります。そのうち左側《ひだりがわ》の歯《は》（左上顎門歯《ひだりじょうがくもんし》）だけが、上《うわ》あごをつきぬけてねじれながらのび続《つづ》けたもの。まさか**ツノの正体《しょうたい》が、のびすぎた歯《は》**だなんて！

中世《ちゅうせい》ヨーロッパでは、イッカクのキバを「ユニコーンのツノ」といつわって高《たか》い値段《ねだん》で取《と》り引《ひ》きすることもあったとか。昔《むかし》の人《ひと》も、その姿《すがた》にみりょくを感《かん》じていたんですね。

Profile
プロフィール

イッカク

- **分類《ぶんるい》：**クジラ目《もく》ハクジラ亜目《あもく》イッカク科《か》
- **大《おお》きさ：**体長《たいちょう》4～4.5メートル（キバをのぞく）
- **生息地《せいそくち》：**北極海《ほっきょくかい》の大西洋側《たいせいようがわ》

ちょっとひとこと
まれにキバ2本《ほん》のオスもいるよ。本来《ほんらい》ないのにキバを持《も》つメスも！

デカかわいい 3

アフリカゾウは人間《にんげん》2人《ふたり》分《ぶん》の重《おも》さで生《う》まれてくる！

アフリカゾウは地上《ちじょう》でもっとも大《おお》きないきものです。生《う》まれたときから大《おお》きくて、赤《あか》ちゃんの体重《たいじゅう》は120キロほど。なんと**大人《おとな》の男《おとこ》の人《ひと》2人《ふたり》分《ぶん》くらいの重《おも》さ**です。

ママはお腹《なか》の中《なか》で赤《あか》ちゃんを22か月《げつ》も育《そだ》てます。これは、人間《にんげん》のにんしん期間《きかん》の2倍《ばい》以上《いじょう》の長《なが》さで、ほ乳類《にゅうるい》の中《なか》でも一番長《いちばんなが》いんです。赤《あか》ちゃんはママのお腹《なか》の中《なか》でじゅうぶんに育《そだ》ってから生《う》まれるので、誕生後《たんじょうご》すぐ、自分《じぶん》のあしで立《た》ち上《あ》がることができます。そのあとはママのおっぱいを自分《じぶん》で探《さが》して、飲《の》みはじめます。

同《おな》じ群《む》れのゾウたちは、生《う》まれた赤《あか》ちゃんを**「新《あたら》しい仲間《なかま》」と思《おも》って、ママといっしょに守《まも》ります。**赤《あか》ちゃんは群《む》れのゾウと遊《あそ》びながら育《そだ》ち、自然《しぜん》の中《なか》で力強《ちからづよ》く生《い》きていく方法《ほうほう》を学《まな》び、さらに大《おお》きく成長《せいちょう》していくのです。赤《あか》ちゃんを見守《みまも》るゾウたちにもほっこりしますね。

Profile
プロフィール

アフリカゾウ

- 分類《ぶんるい》：長鼻目《ちょうびもく》ゾウ科《か》
- 大《おお》きさ：体長《たいちょう》4〜5メートル
- 生息地《せいそくち》：アフリカ

ちょっとひとこと
サバンナと呼《よ》ばれる広大《こうだい》な草原地帯《そうげんちたい》に暮《く》らしているよ

デカかわいい 4

ハシビロコウは じっとえものをねらって 置《お》き物《もの》になる!?

ハシビロコウは背《せ》の高《たか》さ（頭《あたま》から足《あし》までの高《たか》さ）が小学校中学年《しょうがっこうちゅうがくねん》の子《こ》どもほどの大《おお》きさになる、大型《おおがた》の鳥《とり》です。つばさを広《ひろ》げると大人用《おとなよう》の自転車《じてんしゃ》と同《おな》じくらいの長《なが》さになります。

動《うご》かない鳥《とり》としてインパクトのある姿《すがた》が逆《ぎゃく》にかわいいとたびたび話題《わだい》になりますが、**動《うご》かない理由《りゆう》はえものをつかまえるため。**好物《こうぶつ》の「ハイギョ」は、数《すう》時間《じかん》ごとに呼吸《こきゅう》のために水面《すいめん》に出《で》てきます。そのタイミングをのがさないため、何時間《なんじかん》もじっと待《ま》っているんです。置《お》き物《もの》のようですが、じつは必死《ひっし》なのかも？

大《おお》きなくちばしは、木《き》でできたくつにそっくり。英語名《えいごめい》の「シュービル」は「くつのようなくちばし」という意味《いみ》なんです。鳥《とり》らしい鳴《な》き声《ごえ》は出《だ》さず、くちばしをカタカタと打《う》ち鳴《な》らす「クラッタリング」でコミュニケーションをとります。何《なに》から何《なに》までちょっと変《か》わっている鳥《とり》です。

Profile
プロフィール

ハシビロコウ

- 分類《ぶんるい》：ペリカン目《もく》ハシビロコウ科《か》
- 大《おお》きさ：全長《ぜんちょう》1.1～1.4メートル
- 生息地《せいそくち》：中央《ちゅうおう》アフリカ

ちょっとひとこと
こうふんすると、ねぐせのようなかざりばねが立《た》つよ

デカかわいい 5

ゴリラは強《つよ》そうだけどガラスのハート？

ゴリラはしぐさなどが人間《にんげん》に似《に》ているように見《み》え、親《した》しみのあるいきものですが、体重《たいじゅう》と筋肉《きんにく》の量《りょう》はあっとう的《てき》にゴリラのほうがあります。強《つよ》そうなイメージですが、**警戒心《けいかいしん》が強《つよ》く神経質《しんけいしつ》**でもあるんですよ。

とても頭《あたま》がよいのでストレスを抱《かか》えやすく、お腹《なか》をこわしてゲリになったり、体《からだ》のにおいがきつくなったりすることもあるんだとか。大《おお》きなストレスは、心《しん》臓《ぞう》へダメージをあたえることもあるくらいで、まさにガラスのハートの持《も》ち主《ぬし》といえそうです。見《み》た目《め》とは裏腹《うらはら》に、守《まも》ってあげたくなる一面《いちめん》もあるんですね。

肉食《にくしょく》ではなく、じつは果物《くだもの》や草《くさ》、植《しょく》物《ぶつ》の種《たね》などが中心《ちゅうしん》のベジタリアン。大《おお》

きな体《からだ》を維持《いじ》するために、動物園《どうぶつえん》では1日《にち》に30キロものエサをあたえるそうです。眠《ねむ》るときは**枝葉《えだは》を用《もち》いたベッドを毎晩《まいばん》つくることも。**意外《いがい》ときちょうめんなところもあいらしいですね。

Profile
プロフィール

ゴリラ

- 分類《ぶんるい》：霊長目《れいちょうもく》ヒト科《か》
- 大《おお》きさ：身長《しんちょう》1.3〜1.9メートル
- 生息地《せいそくち》：アフリカ西部《せいぶ》の熱帯雨林《ねったいうりん》

ちょっとひとこと
胸《むね》をボコボコたたいて、
いかくやコミュニケーションをするよ

デカかわいい 6

日《に》本《ほん》最《さい》大《だい》のシマフクロウは音《おと》もなく飛《と》ぶ

もこもこのはね、きょろきょろと首《くび》を動《うご》かすしぐさがあいらしいシマフクロウ。全長《ぜんちょう》はおよそ70センチ、つばさを広《ひろ》げたときの長《なが》さは180センチほどにもなります。これは、**世《せ》界中《かいじゅう》のフクロウ科《か》の鳥《とり》の中《なか》でも最大級《さいだいきゅう》。**名前《なまえ》の「シマ」は「北海道《ほっかいどう》」という意《い》味《み》があり、日本《にほん》では北海道《ほっかいどう》にのみ生息《せいそく》しています。

シマフクロウのかわいらしい目《め》はあざやかな黄色《きいろ》。まるで宝石《ほうせき》のようにかがやいています。たとえるならば、「イエローダイヤモンド」のような美《うつく》しさ。視《し》力《りょく》もすぐれていて、正面《しょうめん》を向《む》いた両目《りょうめ》で距離感《きょりかん》をつかむことができ、くらやみでもわずかな光《ひかり》をとらえてものがよく見《み》えるんですよ。

時速《じそく》70キロ以上《いじょう》という、**高速道路《こうそくどうろ》を走《はし》る車《くるま》ほどのスピードで飛《と》べますが、音《おと》がほとんどしません。**水面《すいめん》すれすれを飛《と》んで、魚《さかな》をとらえる姿《すがた》はまるで風《かぜ》のようです。

Profile
プロフィール

シマフクロウ

- 分類《ぶんるい》：フクロウ目《もく》フクロウ科《か》
- 大《おお》きさ：全長《ぜんちょう》63～71センチ、つばさ開長約《かいちょうやく》180センチ
- 生息地《せいそくち》：アジア北東部《ほくとうぶ》

ちょっとひとこと
日本《にほん》の天然記念物《てんねんきねんぶつ》。オスが「ボーボー」と鳴《な》き続《つづ》けてメスが「ボォー」と鳴《な》くよ

デカかわいい 7

アルダブラゾウガメは250歳《さい》まで生《い》きた!?

世《せ》界最大《かいさいだい》のリクガメはガラパゴスゾウガメ、2番目《ばんめ》がアルダブラゾウガメです。大《おお》きな体《からだ》に長《なが》い首《くび》、太《ふと》い4本《ほん》のあしは本当《ほんとう》にゾウみたい! 日本《にほん》の動《どう》物園《ぶつえん》で飼育《しいく》されるゾウガメの多《おお》くは、このアルダブラゾウガメです。昼間《ひるま》は日《ひ》かげで水《みず》あびや泥《どろ》あびなどをして過《す》ごし、朝《あさ》の早《はや》い時間《じかん》と夕方《ゆうがた》に活動的《かつどうてき》になります。

カメは長生《ながい》きですが、アルダブラゾウガメの寿命《じゅみょう》の長《なが》さはトップクラス。現《げん》在《ざい》も190歳《さい》をこえるといわれる個体《こたい》が生《い》きていて、過去《かこ》には**推定年齢《すいていねんれい》250歳《さい》まで生《い》きた**個体《こたい》も。体《からだ》の大《おお》きさと寿《じゅ》命《みょう》には関連《かんれん》があり、体《からだ》が大《おお》きいほど代《たい》謝《しゃ》(体《からだ》の中《なか》でエネルギーを生《う》み出《だ》すための化学反応《かがくはんのう》)が低《ひく》く、寿命《じゅみょう》が長《なが》くな

る傾向《けいこう》があるという考《かんが》えもあります。

アルダブラゾウガメは代謝《たいしゃ》が低《ひく》いため、**何《なに》も食《た》べずに1年《ねん》ほど生《い》きていける**んだとか。野生《やせい》の環境《かんきょう》で敵《てき》がいないことも、長生《なが》きのヒミツかもしれませんね。

Profile
プロフィール

アルダブラゾウガメ

- **分類《ぶんるい》：** カメ目《もく》リクガメ科《か》
- **大《おお》きさ：** 最大甲長《さいだいこうちょう》100センチ以上《いじょう》、最大体重約《さいだいたいじゅうやく》310キロ
- **生息地《せいそくち》：** セーシェル共和国《きょうわこく》のアルダブラ環礁《かんしょう》

ちょっとひとこと
おもな食《た》べ物《もの》は草《くさ》や木《き》の実《み》だよ

デカかわいい 6

チャウ・チャウは毛《け》がふわふわでまるでぬいぐるみ

クマのような見《み》た目《め》をしているチャウ・チャウ。ふわふわ、もふもふの毛《け》におおわれたとてもあいらしい犬《いぬ》です。とくに首《くび》のあたりに毛《け》がたくさんあるので、**顔《かお》のまわりの毛《け》がボリュームたっぷり。**まるでライオンのたてがみのようですが、大《おお》きな目《め》と短《みじか》い鼻《はな》の顔《かお》は、思《おも》わずにっこりしてしまうほどやさしさにあふれています。

　チャウ・チャウのルーツは、かちくを守《まも》るゆうかんなチベタン・マスティフと、ふわふわの白《しろ》い毛《け》でおおわれたやさしいサモエド。2種類《しゅるい》の大《おお》きな犬《いぬ》が混《ま》ざって生《う》まれたとされています。

　性格《せいかく》も独特《どくとく》で、家族《かぞく》にはとてもやさしく、おりこうなのですが、**少《すこ》しだけガンコなところも。**また、大《おお》型犬《がたけん》にはめずらしく、散歩《さんぽ》をあまり好《この》まない子《こ》もいます。もしかすると、毛《け》がもふもふすぎて日本《にほん》では暑《あつ》くて、散歩《さんぽ》を楽《たの》しむどころではないのかもしれませんね。

Profile
プロフィール

チャウ・チャウ

- **分類《ぶんるい》**：食肉目《しょくにくもく》イヌ科《か》
- **大《おお》きさ**：体高《たいこう》43～51センチ
- **生息地《せいそくち》**：中国原産《ちゅうごくげんさん》。ペットとしては世界中《せかいじゅう》

ちょっとひとこと
舌《した》は青紫色《あおむらさきいろ》から黒色《くろいろ》をしているよ

デカかわいい 9

コウテイペンギンは二《に》度《ど》見《み》するほどデカい

コウテイペンギンは別名《べつめい》、エンペラーペンギンといい、**世界《せかい》に18種《しゅ》いるペンギンの中《なか》で最大《さいだい》サイズ。**全長《ぜんちょう》1.2メートルほどで、小学生《しょうがくせい》くらいです。水族館《すいぞくかん》で見《み》ると、「本当《ほんとう》に鳥《とり》なの?」と思《おも》うほどの大《おお》きさにびっくりしてしまいますが、二足歩行《にそくほこう》でヨチヨチ歩《ある》く姿《すがた》は大《おお》きさとのギャップもあって笑《わら》っちゃいます。

コウテイペンギンは世界《せかい》でもっとも寒《さむ》い南極《なんきょく》ではんしょくします。卵《たまご》を温《あたた》める役割《やくわり》のオスは5か月《げつ》以上《いじょう》何《なに》も食《た》べず、体重《たいじゅう》が半分《はんぶん》に減《へ》ってしまうことも。

つばさにも注目《ちゅうもく》してください。空《そら》を飛《と》ぶ鳥《とり》のつばさとはまったくちがう、船《ふね》のオールのようになっています。コウテイペンギンは空《そら》を飛《と》べないけれど、「フ

リッパー」と呼《よ》ばれるつばさは、水《すい》中《ちゅう》ですばやく泳《およ》ぐのに役《やく》立《だ》ちます。中《なか》には平《ひら》べったくてかたい骨《ほね》が入《はい》っているので、もしたたかれたらとても痛《いた》そうです。

コウテイペンギン

Profile
プロフィール

- 分類《ぶんるい》：ペンギン目《もく》ペンギン科《か》
- 大《おお》きさ：全長約《ぜんちょうやく》1.2メートル
- 生息地《せいそくち》：南極大陸《なんきょくたいりく》

ちょっとひとこと
「トボガン」という腹《はら》ばいの姿勢《しせい》でそりのようにして移動《いどう》することも

デカかわいい 10

フレミッシュ・ジャイアントは イヌよりデカいウサギ

フレミッシュ・ジャイアントは、世界最大《せかいさいだい》のウサギです。ふつうのウサギの2～5倍《ばい》の大《おお》きさで、標準的《ひょうじゅんてき》な体重《たいじゅう》は7～10キロ、体長《たいちょう》は40～60センチにもなり、ビーグルやフレンチ・ブルドッグなどの**小型犬《こがたけん》から中型犬《ちゅうがたけん》と同《おな》じくらいの大《おお》きさ。**ギネス記録《きろく》はなんと20キロ！「ジャイアント＝大《おお》きい」の名《な》の通《とお》り、はく力満点《りょくまんてん》なウサギです。

なぜこんなに大《おお》きいかというと、もともとは肉《にく》を食《た》べたり毛皮《けがわ》をとったりするために人間《にんげん》がつくり出《だ》した品種《ひんしゅ》だから。16世紀《せいき》ごろにベルギーで生《う》まれたとされており、その後《ご》、アメリカなどに食用《しょくよう》として輸出《ゆしゅつ》されるようになりました。そのうちにかわいらしい姿《すがた》や性格《せいかく》から、ペットとして人気《にんき》が出《で》たのだとか。

おだやかでやさしく、従順《じゅうじゅん》なため、**「ジェントル・ジャイアント（おだやかな巨人《きょじん》）」という別名《べつめい》**もあるほどです。

Profile
プロフィール

フレミッシュ・ジャイアント

- 分類《ぶんるい》：ウサギ目《もく》ウサギ科《か》
- 大《おお》きさ：体長《たいちょう》40～60センチ
- 生息地《せいそくち》：ベルギー原産《げんさん》。ペットとしては世界中《せかいじゅう》

ちょっとひとこと
名前《なまえ》は「フランダースの巨人《きょじん》」という意味《いみ》

デカかわいい 11

マンタはとても大《おお》きいのに食《た》べるのは小《ちい》さいプランクトン

マンタは世界《せかい》最大級《さいだいきゅう》のエイの仲間《なかま》です。マンタは**スペイン語《ご》で「毛布《もうふ》（マント）」という意味《いみ》。**平《ひら》たく、横《よこ》に広《ひろ》がっている姿《すがた》はたしかに大《おお》きなマントのよう。ゆうがに泳《およ》ぐ様子《ようす》はダイバーにも大人気《だいにんき》です。ふだんはゆったりと泳《およ》ぎますが、大《おお》きなヒレをダイナミックに動《うご》かし、海面《かいめん》の上《うえ》までジャンプすることもあるんですって。

こんなに大《おお》きな体《からだ》なので、さぞかし大《おお》きなえものを食《た》べるのかと思《おも》えば、**大好物《だいこうぶつ》は小《ちい》さなプランクトン。**頭《あたま》の先《さき》についている2枚《まい》のヒレを使《つか》って、大《おお》きな口《くち》の中《なか》に流《なが》しこむんですよ。海水《かいすい》ごと飲《の》みこんで、エラでこしとって胃《い》に送《おく》ります。

ちなみにマンタは長《なが》い間《あいだ》、1種類《しゅるい》だとされてきましたが、2009年《ねん》に「オニイトマキエイ」と「ナンヨウマンタ」の2種《しゅ》いることがわかりました。でも、まだ別《べつ》の種類《しゅるい》のマンタがいる可能性《かのうせい》もあるそうです。

Profile
プロフィール

マンタ

- **分類《ぶんるい》**：トビエイ目《もく》イトマキエイ科《か》
- **大《おお》きさ**：最大全長約《さいだいぜんちょうやく》9メートル（オニイトマキエイ）、約《やく》5.5メートル（ナンヨウマンタ）
- **生息地《せいそくち》**：沖縄以南《おきなわいなん》、インド太平洋《たいへいよう》の温《おん》・熱帯海域《ねったいかいいき》

ちょっとひとこと
「悪魔《あくま》の魚《さかな》（デビル・フィッシュ）」とも呼《よ》ばれるよ

デカかわいい 12

インドオオリスは世《よ》にもめずらしいにじ色《いろ》のリス

インドオオリスは、世界《せかい》でもっとも大《おお》きなリスです。**頭《あたま》からしっぽの先《さき》まで1メートル**にもなり、体重《たいじゅう》も3キロをこえます。小《ちい》さいイヌくらいの大《おお》きさですが、しっぽも体《からだ》と同《おな》じくらい長《なが》くて太《ふと》いので、イヌよりも存在感《そんざいかん》があります。**最大《さいだい》のとくちょうは、カラフルな毛色《けいろ》。**赤《あか》みがかった栗色《くりいろ》、茶色《ちゃいろ》、黒《くろ》など、さまざまな色《いろ》があります。全体的《ぜんたいてき》に黒《くろ》っぽい個体《こたい》、赤《あか》みがかった栗色《くりいろ》とクリーム色《いろ》の2色《しょく》の個体《こたい》、栗色《くりいろ》、茶《ちゃ》色《いろ》、黒《くろ》3色《しょく》が混《ま》ざる個体《こたい》など、色《いろ》のパターンはみんな少《すこ》しずつちがって個性的《こせいてき》！お腹《なか》や前《まえ》あしはクリーム色《いろ》や白《しろ》などの明《あか》るい色《いろ》で、木《き》の上《うえ》にいる姿《すがた》はとてもおしゃれです。木《き》から木《き》へ飛《と》び回《まわ》り、ときには6メートルもの大《だい》ジャンプをすることもあるんですって！大《おお》きさと色《いろ》のはく力《りょく》はありますが、顔《かお》はほかのリスと同《おな》じようにつぶらな瞳《ひとみ》がとってもキュートです。

Profile
プロフィール

インドオオリス

- **分類《ぶんるい》：** 齧歯目《げっしもく》リス科《か》
- **大《おお》きさ：** 体長《たいちょう》25～50センチ
- **生息地《せいそくち》：** インドの森林《しんりん》

ちょっとひとこと
ほとんどの時間《じかん》を木《き》の上《うえ》で過《す》ごすよ

デカかわいい 13

ジンベエザメの口《くち》の中《なか》には小《ちい》さな歯《は》が8000本《ぼん》!?

魚《さかな》の仲間《なかま》の中《なか》でもっとも大《おお》きいのがジンベエザメ。全長《ぜんちょう》は最大《さいだい》で20メートル、体重《たいじゅう》は20トンにもなります。サメはこわいイメージもありますが、ジンベエザメの顔《かお》は平《ひら》べったくて、**横向《よこむ》きに大《おお》きく広《ひろ》がる口《くち》がいやし系《けい》。**ゆったりと大《おお》きな体《からだ》で泳《およ》ぐ姿《すがた》も人気《にんき》です。

おもしろいのは、歯《は》。ほかのサメはするどい歯《は》でえものをかみますが、**ジンベエザメの歯《は》はたよりない米《こめ》つぶのよう。**体《からだ》からは想像《そうぞう》できない小《ちい》ささです。これが8000本以上生《ぼんいじょうは》えていますが、ほとんど使《つか》わないんですって！大《おお》きな魚《さかな》が口《くち》に入《はい》っても、すぐにはき出《だ》すそう。もしあなたがジンベエザメの口《くち》にすいこまれたとしても、大丈夫《だいじょうぶ》です。

では、何《なに》を食《た》べてそんなに大《おお》きくなるのかというと、動物《どうぶつ》プランクトンや小《ちい》さな魚《さかな》。口《くち》を開《あ》けて海水《かいすい》ごとたっぷりのみこみ、エラでえものだけをキャッチして、海水《かいすい》は外《そと》に出《だ》してしまうそうです。

Profile
プロフィール

ジンベエザメ

- **分類《ぶんるい》：** テンジクザメ目《もく》ジンベエザメ科《か》
- **大《おお》きさ：** 最大全長約《さいだいぜんちょうやく》20メートル
- **生息地《せいそくち》：** 太平洋《たいへいよう》、大西洋《たいせいよう》、インド洋《よう》の温帯《おんたい》～熱帯《ねったい》

ちょっとひとこと
お腹《なか》の中《なか》で卵《たまご》をかえす「卵胎生《らんたいせい》」だよ

デカかわいい 14

アキタイヌは全身《ぜんしん》もふもふで雪《ゆき》に強《つよ》い

アキタイヌは、日本《にほん》を代表《だいひょう》する大型犬《おおがたけん》。人間《にんげん》の狩《か》りに同行《どうこう》する狩猟犬《しゅりょうけん》として活《かつ》やくしていた「大館犬《おおだていぬ》」が祖先《そせん》です。**全身《ぜんしん》ふわふわの毛《け》でおおわれていて**、東北地方《とうほくちほう》・秋田県《あきたけん》の寒《さむ》さにも耐《た》えられます。毛《け》は耳《みみ》まで生《は》えていて、この毛《け》は、耳《みみ》が冷《つめ》たい風《かぜ》に当《あ》たって冷《ひ》え、体温《たいおん》がうばわれるのを防《ふせ》いでいます。

顔《かお》ももふもふで、表情《ひょうじょう》がやさしく少《すこ》しひかえめに見《み》えるところがポイント。大《おお》きな体《からだ》に似合《にあ》わず、**毛《け》にうもれた目《め》は小《こ》つぶでとってもあいらしい！**まるでこちらに向《む》かって何《なに》かを語《かた》りかけているかのようです。見《み》つめられたらメロメロになっちゃいますね。

性格《せいかく》はまじめで、家族《かぞく》が大好《だいす》きな一方《いっぽう》で、自分《じぶん》の時間《じかん》を大切《たいせつ》にする一面《いちめん》も。体《からだ》の大《おお》きさとのギャップがアキタイヌのみりょくのひとつで、アメリカやヨーロッパでも人気《にんき》があり、ペットとして迎《むか》えられています。

Profile
プロフィール

アキタイヌ

- 分類《ぶんるい》：食肉目《しょくにくもく》イヌ科《か》
- 大《おお》きさ：体高《たいこう》60〜71センチ
- 生息地《せいそくち》：日本《にほん》。ペットとしては世界中《せかいじゅう》

ちょっとひとこと
しっぽはくるりと巻《ま》いていて、とてもかわいいでしょ

デカかわいい 15

ルリコンゴウインコは宝石《ほうせき》のようにかがやく青《あお》い巨人《きょじん》

ルリコンゴウインコは、**世界最大級《せかいさいだいきゅう》のインコ**として知《し》られています。体《からだ》の多《おお》くの部分《ぶぶん》は青色《あおいろ》ですが、胸《むね》とお腹《なか》が黄色《きいろ》、くちばしなどは黒《くろ》と、おしゃれなカラーリングです。姿《すがた》が美《うつく》しいだけでなく、パズルをといたり、人《ひと》の言葉《ことば》をまねたり、かくされたものを見《み》つけたりといったことができ、かしこい面《めん》もあってみりょくたっぷり。

はねも大《おお》きく力強《ちからづよ》く、広《ひろ》げるとあざやかな青色《あおいろ》が広《ひろ》がります。「目立《めだ》ってしまって、あぶないのでは？」と思《おも》うかもしれませんが、心配《しんぱい》ありません。野生《やせい》の群《む》れでは仲間同士《なかまどうし》で危険情報《きけんじょうほう》を共有《きょうゆう》しており、目《め》や耳《みみ》もすぐれているので、すばやく危険《きけん》を察知《さっち》できます。

さらに、**強力《きょうりょく》なくちばしと足《あし》**を持《も》っていて、かたい木《き》の実《み》のからをかんで割《わ》ることだってできるそうです。きれいな見《み》た目《め》とは裏腹《うらはら》に、意外《いがい》とパワータイプなんですね。

Profile
プロフィール

ルリコンゴウインコ

- **分類《ぶんるい》：** オウム目《もく》インコ科《か》
- **大《おお》きさ：** 全長《ぜんちょう》76～86センチ
- **生息地《せいそくち》：** 南《みなみ》アメリカ

ちょっとひとこと
頭《あたま》にかざりばねがないので、オウムではなくインコだよ

デカかわいい 16

オオサンショウウオは おとぼけ顔《がお》がキュートな 生《い》きた化石《かせき》

オオサンショウウオは、カエルやイモリの仲《なか》間《ま》で、**日本《にほん》にしか住《す》んでいない世界最大級《せかいさいだいきゅう》の両《りょう》生類《せいるい》。**大《おお》きなものでは全長《ぜんちょう》が150センチ以上《いじょう》にもなります。体《からだ》は石《いし》や岩《いわ》にそっくりな黒《くろ》と茶色《ちゃいろ》のまだらもようで、せまい岩《いわ》の間《あいだ》も進《すす》める平《ひら》べったい体《からだ》は身《み》をかくすのにぴったり。顔《かお》はつるんと丸《まる》っこく、横方向《よこほうこう》に開《ひら》く口《くち》、小《こ》つぶでキュートな目《め》がついて、なんともいえないおとぼけ顔《がお》をしています。

前《まえ》あしも短《みじか》くて丸《まる》っこく、人間《にんげん》の赤《あか》ちゃんの手《て》のよう。意外《いがい》と器用《きよう》で、岩《いわ》の間《あいだ》を移動《いどう》したり、サワガニをつかまえたりできます。

おどろくのは、**3000万年《まんねん》も前《まえ》から変《か》わらない姿《すがた》で生《い》き残《のこ》っていること。**「生《い》きた化石《かせき》」といわれるのも納得《なっとく》です。体《からだ》を半分《はんぶん》にさいて（切《き》って）も生《い》きているという言《い》い伝《つた》えから、「ハンザキ」と呼《よ》ぶ地《ち》域《いき》もあります。この名前《なまえ》はちょっとこわいかも！

Profile
プロフィール

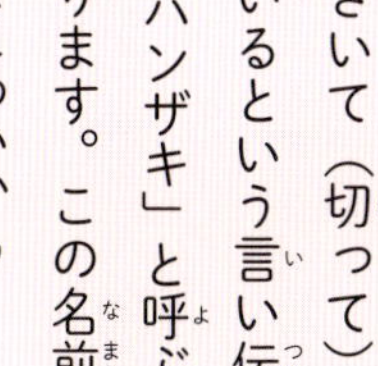

オオサンショウウオ

- **分類《ぶんるい》：** 有尾目《ゆうびもく》オオサンショウ科《か》
- **大《おお》きさ：** 全長《ぜんちょう》40～150センチ
- **生息地《せいそくち》：** 日本《にほん》（本州南西部《ほんしゅうなんせいぶ》、四国《しこく》、九州《きゅうしゅう》）

ちょっとひとこと
あぶない！と思《おも》ったら
背中《せなか》から白《しろ》くてネバネバのくさい液《えき》を出《だ》すよ

デカかわいい 17

オサガメは こうらがムニムニの 世界《せかい》最大《さいだい》のカメ

カメの仲間《なかま》の中《なか》で、もっとも大《おお》きいのがオサガメです。その大《おお》きさはとてつもなく、**体長《たいちょう》2メートルにとどく個体《こたい》も！** 体重《たいじゅう》は900キロをこえることもあるというからびっくりです。たとえるなら小《ちい》さめの車《くるま》。海《うみ》にただよっていたら二度見《にどみ》しちゃいそうですよね。

オサガメのこうらはほかのウミガメのこうらとちがい、皮《ひ》ふでできています。**ゴムのようにやわらかく、ムニムニとしたさわり心《ごこ》地《ち》。** もようもユニークで、7本《ほん》の盛《も》り上《あ》がったラインがたてに走《はし》っています。「リュート」という弦楽器《げんがっき》にそっくりで、「リュートガメ」と呼《よ》ばれることもあります。

オサガメは水族館《すいぞくかん》での飼《し》育《いく》がむずかしいといわれています。その理由《りゆう》は水《すい》そうの中《なか》をぶつからないで泳《およ》ぐのが得意《とくい》でないことと、やわらかいこうらが傷《きず》つきやすいことです。どこかで見《み》られたらラッキーですね！

Profile
プロフィール

オサガメ

- **分類《ぶんるい》：** カメ目《もく》オサガメ科《か》
- **大《おお》きさ：** 甲長《こうちょう》1.5メートル以上《いじょう》、体重《たいじゅう》300キロ以上《いじょう》
- **生息地《せいそくち》：** 北極海南端《ほっきょくかいなんたん》からタスマニア島《とう》南部《なんぶ》にかけての世界中《せかいじゅう》の海洋《かいよう》

ちょっとひとこと
推定寿命《すいていじゅみょう》は45年《ねん》ぐらいだよ

デカかわいい 18

スズドリのオスは声《こえ》が大《おお》きすぎてメスに引《ひ》かれる。

アマゾン川流域《がわりゅういき》にすむスズドリのオスの鳴《な》き声《ごえ》は、最大《さいだい》で125デシベルにもなることがあるといわれています。この音量《おんりょう》は、**飛行機《ひこうき》のジェットエンジンやかみなりの音《おと》を間近《まぢか》で聞《き》くのと同《おな》じくらい**の大《おお》きさで、耳《みみ》が痛《いた》いどころか、こまくがやぶれるおそれもあるレベル！大声《おおごえ》で鳴《な》くのは、メスに「ぼくを見《み》て！」とアピールするためですが、声《こえ》が大《おお》きすぎてメスがびっくりすることも。

大《おお》きな鳴《な》き声《ごえ》のヒミツは、90度《ど》以上《いじょう》開《ひら》くことができるくちばしとのど。大《おお》きく開《ひら》くので、ラッパのように音《おと》を大《おお》きくする効果《こうか》も持《も》っているというわけ。

くちばしの横《よこ》にたれ下《さ》がっているのは、**肉垂《にくすい》と呼《よ》ばれるニワトリのトサカと同《おな》じ役割《やくわり》のもの。**これも、メスに自分《じぶん》が健康《けんこう》で強《つよ》いオスであることをアピールするためにあるそう。メスに見《み》てほしくていっしょうけんめいなんですね。

Profile
プロフィール

スズドリ

分類《ぶんるい》：スズメ目《もく》カザリドリ科《か》

大《おお》きさ：全長約《ぜんちょうやく》28センチ

生息地《せいそくち》：南《みなみ》アメリカ北部《ほくぶ》の熱帯雨林《ねったいうりん》

ちょっとひとこと
メスは緑色《みどりいろ》の体《からだ》で、肉垂《にくすい》はないよ

column

［コラム］耳《みみ》がチャームポイント!

いきものの耳《みみ》にはヒミツがかくされています。おしゃれアイテムのような耳《みみ》、ユニークな形《かたち》の耳《みみ》など、その姿《すがた》はさまざまです。キュートな耳《みみ》のみりょくと機能《きのう》を探《さぐ》りましょう。

コラム5 フェネックの耳《みみ》はよく聞《き》こえるだけじゃない!

この大《おお》きな耳《みみ》の豆知識《まめちしき》
知《し》りたい?
ひょこっ
知《し》りたいでしょ?
特別《とくべつ》に教《おし》えてあげるね
砂《すな》の中《なか》にいるえものを探《さが》すのはもちろん
ピク
ピク
体温調節《たいおんちょうせつ》にも使《つか》えるよ
ねっ
ねっ
ねっ
体《からだ》の割合《わりあい》でいうとほ乳類《にゅうるい》の中《なか》で一番耳《いちばんみみ》が大《おお》きい部類《ぶるい》なの!
ワタクシこそがいちばん!
ほにゅうるいNo.1!

Data

- 分類《ぶんるい》/食肉目《しょくにくもく》イヌ科《か》
- 大《おお》きさ/体長《たいちょう》30〜40センチ
- 生息地《せいそくち》/北《きた》アフリカ、中東《ちゅうとう》など

解説《かいせつ》

フェネックは、世界最小《せかいさいしょう》のキツネ。耳《みみ》は、体《からだ》の割合《わりあい》で見《み》るとほ乳類《にゅうるい》の中《なか》でなんと最大級《さいだいきゅう》です。この耳《みみ》を使《つか》って砂《すな》の中《なか》にひそむえものを探《さが》し出《だ》します。さばくでは昼《ひる》と夜《よる》の気温差《きおんさ》が大《おお》きいので、体温調節《たいおんちょうせつ》がとても大切《たいせつ》。フェネックの大《おお》きな耳《みみ》は、体《からだ》の熱《ねつ》をうまく逃《に》がすのにも役立《やくだ》っています。

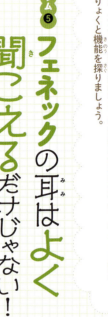

コラム6

深海《しんかい》のアイドル メンダコの耳《みみ》はヒレ

Data

- 分類《ぶんるい》／八腕形目《はちわんけいもく》メンダコ科《か》
- 大《おお》きさ／直径《ちょっけい》約《やく》20センチ
- 生息地《せいそくち》／日本《にほん》の関東《かんとう》～九州《きゅうしゅう》の海《うみ》

解説《かいせつ》

深海《しんかい》に暮《く》らすメンダコ。足《あし》は８本《ぽん》ありますが、ほかのタコに２列《れつ》あるきゅうばんは１列《れつ》しかなく、スミもはきません。耳《みみ》のようなヒレで体《からだ》のバランスを取《と》りながら泳《およ》ぎますが、動《うご》きはいつもゆっくり。このため体力《たいりょく》が失《うしな》われず、きびしい深海《しんかい》でも生《い》きていけます。

コラム 7

ポメラニアンはあまえるとヒコーキ耳《みみ》になる？

Data

- 分類《ぶんるい》／食肉目《しょくにくもく》イヌ科《か》
- 大《おお》きさ／体高《たいこう》18〜22センチ
- 生息地《せいそくち》／ドイツ原産《げんさん》。ペットとしては世界中《せかいじゅう》

解説《かいせつ》

ふわふわの毛《け》がとくちょうで、丸《まる》い顔《かお》と小《ちい》さな耳《みみ》があいらしいポメラニアン。ルーツは大型犬《おおがたけん》のスピッツ系《けい》です。意外《いがい》と度胸《どきょう》があり好奇心《こうきしん》おうせいな一面《いちめん》もあるので、小《ちい》さいけれど番犬《ばんけん》としてもしっかり働《はたら》いてくれます。散歩《さんぽ》も遊《あそ》びも大《だい》好《す》きで、いっしょに暮《く》らすと楽《たの》しい犬《いぬ》です。

コラム 8

リカオンの耳《みみ》は大《おお》きくてまん丸《まる》

リカオンはイヌの仲間《なかま》
でもリカオンの耳《みみ》はイヌの耳《みみ》よりも丸《まる》くて大《おお》きい
大《おお》きい耳《みみ》は遠《とお》くの音《おと》や仲間《なかま》の声《こえ》もよく聞《き》こえるから…
ピクピク
お〜い
どこ〜
?
迷子《まいご》になっても大丈夫《だいじょうぶ》!
お〜〜い
ここだよ!

Data

- 分類《ぶんるい》／食《しょく》肉《にく》目《もく》イヌ科《か》
- 大《おお》きさ／体長《たいちょう》75〜110センチ
- 生息地《せいそくち》／アフリカ中部《ちゅうぶ》・東部《とうぶ》・南部《なんぶ》

解説《かいせつ》

リカオンは、アフリカのサバンナや半《はん》さばく地帯《ちたい》に生息《せいそく》するイヌ科《か》の仲間《なかま》。顔《かお》と同《おな》じくらいある大《おお》きな耳《みみ》がとくちょうです。イヌ科《か》の耳《みみ》は三角《さんかく》が多《おお》いですが、リカオンの耳《みみ》はめずらしい丸《まる》い形《かたち》。この耳《みみ》は体温調節《たいおんちょうせつ》に役立《やくだ》つほか、さまざまな方向《ほうこう》へ動《うご》かせるので周囲《しゅうい》の音《おと》をよく聞《き》けるそうですよ。

ギャップがあるからあいされる！

3章

ほほえましい！

よーくみたら
かわいいいきもの

じっくり見《み》ると、こんなにステキ

ヘンテコかわいい 1

チベットスナギツネは よく見《み》ると 味《あじ》わい深《ぶか》い顔《かお》

四《し》角《かく》い頭《あたま》に、細長《ほそなが》い目《め》がチャームポイントのチベットスナギツネ。目《め》と鼻《はな》と口《くち》が中心《ちゅうしん》に集《あつ》まっているように見《み》え、**なんとも言《い》えない表情《ひょうじょう》**がSNS《エスエヌエス》でもたびたび話題《わだい》になります。こんな顔《かお》ですが、正真《しょうしん》正銘《しょうめい》キツネの仲間《なかま》。チベットやネパールの乾燥《かんそう》した場《ば》所《しょ》に生息《せいそく》しています。強《つよ》い風《かぜ》が砂《すな》を舞《ま》い上《あ》げ、草木《くさき》もほとんど生《は》えないいきびしい環境《かんきょう》です。

なぜこのような顔《かお》をしているのでしょうか？ ふさふさの毛《け》が細《ほそ》い顔《かお》にたくさん生《は》えていて、**毛《け》は防寒《ぼうかん》や防風《ぼうふう》に役立《やくだ》っている**んです。見《み》た目《め》はおもしろ系《けい》ですが、この顔《かお》つきがほかの動物《どうぶつ》やライバルをいかくするのに役立《やくだ》つなどともいわれています。

ふだんは単独《たんどく》で行動《こうどう》しますが、はんしょく期《き》になるとオスとメスがペアを組《く》みます。このペアは強《つよ》いきずなでむすばれ、一生《いっしょう》この関係《かんけい》が保《たも》たれるんですよ。

Profile
プロフィール

チベットスナギツネ

- 分類《ぶんるい》：食肉目《しょくにくもく》イヌ科《か》
- 大《おお》きさ：体長約《たいちょうやく》60センチ
- 生息地《せいそくち》：チベット・ネパールの乾燥地帯《かんそうちたい》

ちょっとひとこと
ペアのオスとメスは協力《きょうりょく》して狩《か》りをするよ

ヘンテコかわいい 2

キタオポッサムは 死《し》んだふりをして 敵《てき》を追《お》いはらう

鼻《はな》先《さき》がとがった、大《おお》きなネズミのような姿《すがた》をしているキタオポッサム。コアラなどに近《ちか》いゆうたい類《るい》で、北《きた》・中央《ちゅうおう》アメリカに生息《せいそく》しています。

最大《さいだい》のとくちょうが、死《し》んだふりをして身《み》を守《まも》ること。コヨーテにおそわれると横《よこ》にぱたんとたおれ、**目《め》と口《くち》を開《あ》けて数時間《すうじかん》も死《し》んだふりをします。**さらにくさったようなにおいまで出《だ》します。そうすると敵《てき》は食《た》べられないと思《おも》って去《さ》っていくというわけ。

赤《あか》ちゃんはミツバチほどの大《おお》きさで生《う》まれ、ママの乳首《ちくび》のまわりにあるポケットに入《はい》ります。赤《あか》ちゃんは乳首《ちくび》に吸《す》い付《つ》いたままで成《せい》長《ちょう》し、大《おお》きくなったらポケットから出《で》てきて、**ママの背中《せなか》に乗《の》って生活《せいかつ》するんですって。**何匹《なんびき》もの小《ちい》さな赤《あか》ちゃんがママの背中《せなか》にしがみついている姿《すがた》はとってもあいらしい！ママの強《つよ》さも実感《じっかん》できる光景《こうけい》です。

Profile
プロフィール

キタオポッサム

- **分類《ぶんるい》：** 有袋目《ゆうたいもく》オポッサム科《か》
- **大《おお》きさ：** 体長《たいちょう》39～48センチ
- **生息地《せいそくち》：** 北《きた》アメリカ、中央《ちゅうおう》アメリカ

ちょっとひとこと
キタオポッサム以外《いがい》のほとんどのゆうたい類《るい》は南《みなみ》アメリカとオーストラリアにすんでいるよ

ヘンテコかわいい 3

テングザルの鼻《はな》は大《おお》きいほどモテるらしい

テングザルは東南《とうなん》アジアのボルネオ島《とう》にのみ生息《せいそく》するサルの仲間《なかま》。「天《てん》狗《ぐ》」とは、長《なが》い鼻《はな》をもつ伝《でん》説《せつ》のいきもの。テングザルのオスは、その名《な》の通《とお》り**天狗《てんぐ》のようなとても大《おお》きな鼻《はな》**を持《も》っています。

テングザルのすみかは、森《もり》の木《き》の上《うえ》。生活《せいかつ》するのに大《おお》きな鼻《はな》はじゃまになってしまい、食事《しょくじ》のときは鼻《はな》を手《て》で持《も》ち上《あ》げなければなりません。そんな大《おお》きな鼻《はな》は、じつはオスにとっての大事《だいじ》なモテポイント。オスのテングザルは、大《おお》きな鼻《はな》を使《つか》って「ブーン」と聞《き》こえる特別《とくべつ》な鳴《な》き声《ごえ》を出《だ》し、メスにアピールしたり、なわばりを主張《しゅちょう》したりします。**鼻《はな》が大《おお》きいほどメスをひきつけやすい**のです。

お腹《なか》がふくらんでみえるのは、4つにくびれた胃《い》があるから。主食《しゅしょく》であるマングローブの葉《は》っぱを消化《しょうか》するためのしくみです。知《し》れば知《し》るほど、ふしぎでみりょく的《てき》なテングザルです。

Profile
プロフィール

テングザル

- 分類《ぶんるい》：霊長目《れいちょうもく》オナガザル科《か》
- 大《おお》きさ：体長《たいちょう》61～76センチ、尾長《びちょう》55～67センチ
- 生息地《せいそくち》：ボルネオ島《とう》（カリマンタン島《とう》）

ちょっとひとこと
生《う》まれたとき鼻《はな》は小《ちい》さめで、どんどん成長《せいちょう》する！

ヘンテコかわいい 4

コブダイはみんなメスに生《う》まれて大《おお》きいやつがオスになる

コブダイは**頭《あたま》に大《おお》きなコブ**があり、下《した》あごも大《おお》きく前《まえ》につきだした魚《さかな》。口先《くちさき》はたらこくちびるみたいで、一度《いちど》見《み》たら忘《わす》れられないほどインパクトの強《つよ》いユニークな顔《かお》です。

大好物《だいこうぶつ》はかたい貝類《かいるい》やエビ・カニといったこうかく類《るい》で、1日《にち》に2キロの量《りょう》をたいらげます。口《くち》の中《なか》には大《おお》きくするどい歯《は》があり、かむ力《ちから》もとても強《きょう》力《りょく》。バリバリえものをかみくだきます。のどの奥《おく》にも歯《は》（咽頭歯《いんとうし》）があるので、とてもこまかくして飲《の》みこめます。

コブダイの最大《さいだい》のヒミツは、卵《たまご》から**ふ化《か》したときはすべての個体《こたい》がメス**ということ。幼魚《ようぎょ》のときはコブはなく、群《む》れの中《なか》で体《からだ》が一番大《いちばんおお》きくなった1匹《ぴき》

だけがオスになるんですって。体長《たいちょう》が50〜60センチ以上《いじょう》になるとおでこと下《した》あごの先《さき》に脂肪《しぼう》がたまって、だんだん大《おお》きくなっていくんです。とぼけた顔《かお》のわりに、意外《いがい》と苦労者《くろうもの》なのかもしれません。

Profile
プロフィール

コブダイ

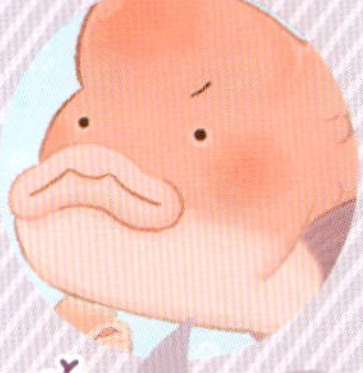

- **分類《ぶんるい》：** スズキ目《もく》ベラ科《か》
- **大《おお》きさ：** 全長約《ぜんちょうやく》1.2メートル
- **生息地《せいそくち》：** 日本沿岸《にほんえんがん》、太平洋《たいへいよう》北西部《ほくせいぶ》

ちょっとひとこと
ムニエルなどにして食《た》べてもおいしいらしい！

ヘンテコかわいい 5

ブチハイエナは意外《いがい》と人《ひと》なつっこくてかわいいやつ

ハイエナと聞《き》くと、ほかのいきものの食《た》べ物《もの》を横取《よこど》りしたり、くさった肉《にく》を食《た》べたりする、といったイメージがあるかもしれません。全身茶色系《ぜんしんちゃいろけい》で地味《じみ》な姿《すがた》ですが、顔《かお》は意外《いがい》とあいきょうがあり、**人《ひと》なつっこい一面《いちめん》もあるんだとか。**

ハイエナの仲間《なかま》の中《なか》で一《いち》番大《ばんおお》きい種類《しゅるい》がブチハイエナです。体《からだ》には黒《くろ》いブチ（はんてん）がまだらにあり、丸《まる》く大《おお》きな耳《みみ》がチャームポイント。オスよりもメスの体《からだ》が大《おお》きく、群《む》れのリーダーもメスです。

ハイエナはかたい歯《は》をもち、発達《はったつ》したあごの筋肉《きんにく》でかむ力《ちから》はとても強力《きょうりょく》。肉《にく》だけでなく、**骨《ほね》までかみくだいて食《た》べることができる**んです。また消化《しょうか》する力《ちから》がとてもすぐれており、たいていのものは残《のこ》さずきれいに食《た》べつくしてしまうんです。そのため、「サバンナのそうじ屋《や》さん」と呼《よ》ばれています。

Profile
プロフィール

ブチハイエナ

- **分類《ぶんるい》**：食肉目《しょくにくもく》ハイエナ科《か》
- **大《おお》きさ**：体長《たいちょう》120〜160センチ
- **生息地《せいそくち》**：サハラさばく以南《いなん》のアフリカのサバンナ

ちょっとひとこと
鳴《な》き声《ごえ》は「ウケケケ」って感《かん》じで、人《ひと》の笑《わら》い声《ごえ》っぽいかも

カエルアンコウは歩《ある》いたりつりをしたりする

カエルアンコウは、海底《かいてい》を歩《ある》きまわることで有名《ゆうめい》な魚《さかな》です。胸《むな》ビレと背《せ》ビレを手足《てあし》のように動《うご》かしていっしょうけんめい移動《いどう》する姿《すがた》は、テレビなどでもたびたび取《と》り上《あ》げられます。

なぜ海底《かいてい》を歩《ある》くのかといえば、それは泳《およ》ぐのが苦手《にがて》だから！ **魚《さかな》なのに泳《およ》ぎが苦手《にがて》**だなんて、それだけでもかわいらしいですよね。

顔《かお》は名前《なまえ》の通《とお》り、まるでカエル。ぽってりと肉《にく》づきのいい顔《かお》に、小《こ》つぶの目《め》がおさまっています。そのユニークな顔《かお》には、ちょっと目立《めだ》つ出《で》っ張《ぱ》りがあります。これ、なんとつりざおなんです。正式《せいしき》には、「イリシウム」と呼《よ》ばれる背《せ》ビレの一番目《いちばんめ》の突起《とっき》なんですが、先《さき》っぽに「エ

スカ」という器官《きかん》があり、これを海中《かいちゅう》でフリフリさせて**小魚《こざかな》をおびき寄《よ》せます。**目《め》の前《まえ》にえものが来《き》たら、すかさずパクッ！ キュートな見《み》た目《め》にだまされると、大変《たいへん》なことになるかも!?

Profile
プロフィール

カエルアンコウ

- **分類《ぶんるい》**：アンコウ目《もく》カエルアンコウ科《か》
- **大《おお》きさ**：体長《たいちょう》5～20センチ
- **生息地《せいそくち》**：温帯《おんたい》・熱帯域《ねったいいき》の沿岸部《えんがんぶ》

ちょっとひとこと
日本近海《にほんきんかい》には大《おお》きさや色《いろ》のちがうカエルアンコウが10種以上《しゅいじょう》いるよ

ヘンテコかわいい 7

アルマジロは丸《まる》くなれる仲間《なかま》が意外《いがい》に少《すく》ない

よろいのようなかたいこうらを持《も》ち、丸《まる》くなって身《み》を守《まも》るいきもの、それはアルマジロです。危《き》険《けん》を感《かん》じると、ボールのようにまん丸《まる》になる姿《すがた》が有名《ゆうめい》ですが、じつは約《やく》20種類《しゅるい》いるアルマジロの中《なか》で**丸《まる》くなれるのは2種類《しゅるい》。**ミツオビアルマジロとマタコミツオビアルマジロだけなんです。

そのほかの種類《しゅるい》は、危険《きけん》を感《かん》じると、走《はし》って逃《に》げたり、**手足《てあし》を体《からだ》の下《した》に入《い》れて地面《じめん》にぺたんとふせたりする**そう。こうやってやわらかくて弱《よわ》いお腹《なか》を守《まも》っているんです。強《つよ》そうに見《み》えて、案外《あんがい》、用心深《ようじんぶか》いのかもしれません。

体長《たいちょう》わずか15センチほどの、とっても小《ちい》さいヒメアルマジロという種類《しゅるい》もいます。ポケットに入《はい》ってしまうくらいの大《おお》きさ！反《はん》対《たい》に体長《たいちょう》1メートルにもなるオオアルマジロという種《しゅ》もいますが、どちらも丸《まる》くはなれないんですって。

Profile
プロフィール

アルマジロ

- **分類《ぶんるい》：** 被甲目《ひこうもく》アルマジロ科《か》
- **大《おお》きさ：** 体長《たいちょう》10〜100センチ
- **生息地《せいそくち》：** 北《きた》アメリカ南部《なんぶ》から南《みなみ》アメリカ

ちょっとひとこと
アルマジロはスペイン語《ご》で「武装《ぶそう》したもの」という意味《いみ》

ヘンテコかわいい 6

ホシバナモグラは鼻《はな》にイソギンチャクをつけている!?

一《いっ》見《けん》するとギョッとしてしまう、変《か》わった鼻《はな》をしているホシバナモグラ。体重《たいじゅう》は約《やく》50グラムとそれほど大《おお》きくありませんが、「ホシバナ」の名前《なまえ》の通《とお》り、**鼻《はな》にはたくさんの星形《ほしがた》の突起《とっき》**があります。イソギンチャクがくっついているようにも見《み》えるかも。

ピンク色《いろ》をしていて、ぬるっと光《ひか》るこの突起《とっき》は「アイマー器官《きかん》」という名前《なまえ》で、数《かず》は22本《ほん》あります。この中《なか》にはたくさんの神経《しんけい》が通《とお》っていて、とてもすぐれたセンサーの働《はたら》きをします。わさわさと動《うご》かして物《もの》にふれ、食《た》べ物《もの》を見分《みわ》けているんです。このセンサーがあるおかげで、ホシバナモグラは自然界《しぜんかい》でもっとも早《はや》いスピードで食《た》べ物《もの》を探《さが》し出《だ》すことができます。

また、ホシバナモグラは**モグラなのに泳《およ》ぐのも得《とく》意《い》。**水中《すいちゅう》でじょうずに魚《さかな》や虫《むし》を見《み》つけるんですよ。そのときにもこの星形《ほしがた》の鼻《はな》が役《やく》に立《た》つんですって。

Profile
プロフィール

ホシバナモグラ

- **分類《ぶんるい》：** トガリネズミ形目《がたもく》モグラ科《か》
- **大《おお》きさ：** 全長《ぜんちょう》18～21センチ
- **生息地《せいそくち》：** カナダ南東部《なんとうぶ》とアメリカ東部《とうぶ》

ちょっとひとこと
鼻《はな》で土《つち》を1秒間《びょうかん》に10～13回《かい》たたいてえものを探《さが》すよ

ヘンテコかわいい 9

ブロブフィッシュは ブヨブヨ顔《がお》だけど 水中《すいちゅう》ではイケメン？

世《せ》界一《かいいち》みにくいいきものに選《えら》ばれたこともあるブロブフィッシュ。**ピンク色《いろ》でブヨブヨのやわらかそうな体《からだ》に、大《おお》きな鼻《はな》がだらんとたれた**ちょっと変《か》わった顔《かお》をしています。そのなんともにくめない姿《すがた》はアニメや動画《どうが》、イラストになったりしていますが、でもじつはこれ、本当《ほんとう》の姿《すがた》じゃないんです。

ブロブフィッシュは、水《すい》深《しん》600〜1200メートルの深海《しんかい》にすんでいます。

深海《しんかい》では、海《うみ》の表面《ひょうめん》と比《くら》べて**最大《さいだい》120倍《ばい》もの水《すい》圧《あつ》**がかかり、この海《うみ》の中《なか》ではブロブフィッシュはふつうの魚《さかな》のような見《み》た目《め》をしています。水分《すいぶん》と脂肪《しぼう》を多《おお》くふくんでいるため、水圧《すいあつ》に耐《た》えられるそう。

でも、深海《しんかい》から引《ひ》き上《あ》げられると水圧《すいあつ》のちがいでやわらかい皮《かわ》がはがれてピンク色《いろ》になり、だらんとした見《み》た目《め》になってしまいます。陸《りく》で見《み》られるのは、本来《ほんらい》の姿《すがた》とはちがうんですね。

Profile
プロフィール

ブロブフィッシュ（ニュウドウカジカ）

● 分類《ぶんるい》：スズキ目《もく》カジカ亜目《あもく》
ウラナイカジカ科《か》

● 大《おお》きさ：体長約《たいちょうやく》60センチ

● 生息地《せいそくち》：太平洋《たいへいよう》の深海域《しんかいいき》

ちょっとひとこと
食《た》べられる魚《さかな》で、とってもおいしいらしい！

ヘンテコかわいい 10

バイカルアザラシは天使《てんし》で生《う》まれおじさんになる

バイカルアザラシは、ロシアのバイカル湖《こ》にすむアザラシです。淡水《たんすい》にすむアザラシはこのバイカルアザラシだけで、とてもめずらしい種類《しゅるい》。チャームポイントの目《め》は、世界《せかい》で一番古《いちばんふる》くて深《ふか》い湖《みずうみ》であるバイカル湖《こ》の、暗《くら》くて先《さき》が見《み》えにくい水《みず》の中《なか》での生活《せいかつ》に適《てき》しているともいわれています。

赤《あか》ちゃんは真《ま》っ白《しろ》でふわふわの毛《け》におおわれて、まるで雪《ゆき》の玉《たま》のよう。日《に》本《ほん》では、2020年《ねん》に鳥羽水族館《とばすいぞくかん》（三重《みえ》県《けん》）で赤《あか》ちゃんが生《う》まれ、「天使《てんし》みたい」と話題《わだい》になりました。しかし成長《せいちょう》するにつれ、横長《よこなが》の目《め》と鼻筋《はなすじ》と小鼻《こばな》の感《かん》じが人《にん》間《げん》のようになっていきました。体《からだ》の色《いろ》は茶系《ちゃけい》に変化《へんか》して、完全《かんぜん》に**大人《おとな》になると**

全身《ぜんしん》真《ま》っ黒《くろ》に変身《へんしん》！うるうるの目《め》はずっと変《か》わらず、チャーミングなままです。体《からだ》にはたくさんの脂肪《しぼう》をたくわえており、きびしい寒《さむ》さに耐《た》えられます。丸《まる》っこい体形《たいけい》も、とてもあいらしいですね。

Profile
プロフィール

バイカルアザラシ

- **分類《ぶんるい》：** 食肉目《しょくにくもく》アザラシ科《か》
- **大《おお》きさ：** 体長《たいちょう》1.3～1.4メートル
- **生息地《せいそくち》：** ロシアのバイカル湖《こ》

ちょっとひとこと
するどいつめで湖《みずうみ》にはった氷《こおり》に息《いき》をするための小《ちい》さな穴《あな》を開《あ》けるよ

ヘンテコかわいい 11

オーストラリアガマグチヨタカは木《き》の枝《えだ》に変身《へんしん》する鳥《とり》!?

オーストラリアガマグチヨタカは、ちょっとぶきみな鳥《とり》です。フクロウに似《に》ていますが、口《くち》が横《よこ》にさけたように広《ひろ》く、大《おお》きく開《ひら》きます。**がま口《ぐち》というおさいふに似《に》ている**ところから、「ガマグチヨタカ」という名前《なまえ》がつきました。最大《さいだい》のとくちょうは、木《き》の枝《えだ》に「ぎたい」（ほかのものに体《からだ》を似《に》せて身《み》を守《まも》ること）していること。昼間《ひるま》はふわふわの毛《け》でおおわれた体《からだ》を細長《ほそなが》くして、**木《き》の枝《えだ》そっくりになります。**

そのおかげで敵《てき》から見《み》つかりにくくなるわけです。夜《よる》になると活動開始《かつどうかいし》。枝《えだ》で待《ま》ちぶせし、えものを見《み》つけるとすばやくとびかかって丸飲《まるの》みするんですって。昼《ひる》と夜《よる》とで性格変《せいかくか》わりすぎ！

ユニークな顔《かお》にあいらしくおさまる目《め》はまん丸《まる》。目《め》全体《ぜんたい》は黄色《きいろ》で、まわりに黒《くろ》いふちどりがあります。視力《しりょく》はバツグンで、暗《くら》いところでもえものを見《み》つけやすいんですよ。

Profile
プロフィール

オーストラリアガマグチヨタカ

- **分類《ぶんるい》**：ヨタカ目《もく》オーストラリアガマグチヨタカ科《か》
- **大《おお》きさ**：全長《ぜんちょう》23～58センチ
- **生息地《せいそくち》**：オーストラリア

ちょっとひとこと
主食《しゅしょく》はこんちゅうやカエルなどの小動物《しょうどうぶつ》

ヘンテコかわいい 12

ホウボウは魚《さかな》なのにあしで歩《ある》くしつばさもある⁉

ホウボウは、赤《あか》い体《からだ》に青《あお》い色《いろ》の大《おお》きなつばさがついた姿《すがた》が印象的《いんしょうてき》な魚《さかな》。**つばさのように見《み》えるのは、じつは胸《むな》ビレ。**危《き》険《けん》を感《かん》じると大《おお》きく広《ひろ》がります。赤《あか》と青《あお》のコントラストが美《うつく》しいですよね。

一番《いちばん》のとくちょうは**海《かい》底《てい》を歩《ある》き回《まわ》る**という点《てん》です。名前《なまえ》の由来《ゆらい》はいくつかあり、ひとつは「方々《ほうぼう》（＝あちこち）」歩《ある》き回《まわ》ることから来《き》ているというもの。ちなみに、つりあげたときに「ホウボウ」と鳴《な》くからという説《せつ》もあります。

歩《ある》くといっても、本物《ほんもの》のあしがあるわけではありません。6本《ぽん》あるあしのようなものを動《うご》かしながら、海《かい》底《てい》をとことこと進《すす》んでいきます。このあしの正体《しょうたい》は、胸《むな》ビレのすじが変化《へんか》したもの。先《さき》はセンサーになっていて、砂《すな》の中《なか》にもぐっているエビやカニといったえものを探《さが》すことができるすぐれモノ。あしやつばさがあるなんてふしぎな魚《さかな》ですね！

Profile
プロフィール

ホウボウ

分類《ぶんるい》：スズキ目《もく》ホウボウ科《か》
大《おお》きさ：体長約《たいちょうやく》40センチ
生息地《せいそくち》：北海道南部以南《ほっかいどうなんぶいなん》の日本沿岸《にほんえんがん》

ちょっとひとこと
うきぶくろを使《つか》って鳴《な》き声《ごえ》を出《だ》すよ

ヘンテコかわいい 13

タスマニアデビルは 名前《なまえ》の割《わり》には こわくない

タスマニアデビルは、オーストラリアのタスマニア島《とう》だけにすむいきもの。「デビル」（あくまという意味《いみ》）という言葉《ことば》が名《な》前《まえ》に入《はい》っているいきものは、タスマニアデビル以外《いがい》にはほとんどいません。どんなにおそろしい見《み》た目《め》をしているのかと思《おも》えば、実際《じっさい》はずんぐりむっくり。**短《みじか》い足《あし》でちょこまか動《うご》くかわいらしさ**にびっくりしてしまいます。

タスマニアデビルは、「ヴーッ」という**鳴《な》き声《ごえ》がゾッとするくらいぶきみ**なんだそうで、この鳴《な》き声《ごえ》が名前《なまえ》の由来《ゆらい》だとか。たしかに夜《よる》の森《もり》からこんな声《こえ》が聞《き》こえてきたらこわいかも。

死《し》んだ動物《どうぶつ》の肉《にく》を食《た》べるところもデビルっぽいかもしれません。歯《は》はするどく、あごは強《つよ》く、骨《ほね》までかみくだくのですから。かむ力《ちから》は、ほにゅう類《るい》最強《さいきょう》クラスといわれています。見《み》た目《め》よりも習性《しゅうせい》がデビルなんですね！

Profile
プロフィール

タスマニアデビル

- **分類《ぶんるい》：** フクロネコ形目《かたもく》フクロネコ科《か》
- **大《おお》きさ：** 体長《たいちょう》52～80センチ
- **生息地《せいそくち》：** オーストラリアのタスマニア島《とう》

ちょっとひとこと
カンガルーやコアラと同《おな》じゆうたい類《るい》だよ

ヘンテコかわいい 14

トサカリュウグウウミウシは食《た》べるものもかわいい

日《に》本《ほん》のまわりの海《うみ》だけでも1400種《しゅ》いるといわれている、ウミウシ。美《うつく》しいものからドハデなものまでいますが、中《なか》にはこわそうなものもいて、そのひとつがトサカリュウグウウミウシです。

全身《ぜんしん》は暗《くら》い緑色《みどりいろ》で、**明《あか》るい緑色《みどりいろ》のイボ状《じょう》の突起《とっき》がズラリと並《なら》んでいます。**

背中《せなか》の上《うえ》にある海草《かいそう》のようなものは「二次鰓《にじえら》」といって、水中《すいちゅう》で呼吸《こきゅう》するための器官《きかん》。このアート作品《さくひん》のような奇《き》妙《みょう》な見《み》た目《め》が、ひそかに人《にん》気《き》になっているんだとか。

おもしろいのは、ウミウシの食《た》べ物《もの》もかわいいかもしれないこと。それは**「ワライボヤ」とも呼《よ》ばれるミドリトウメイボヤ。**人《ひと》が笑《わら》っている絵文字《えもじ》そっくりで、とてもふしぎ。トサカリュウグウウミウシはそのワライボヤが集《あつ》まっているところにやってきて、パクリと食《た》べちゃうんですって。海《うみ》の中《なか》にはふしぎなことがいっぱいですね！

Profile
プロフィール

トサカリュウグウウミウシ

- 分類《ぶんるい》：裸鰓目《らさいもく》フジタウミウシ科《か》
- 大《おお》きさ：体長《たいちょう》50〜130ミリ
- 生息地《せいそくち》：琉球列島《りゅうきゅうれっとう》、インド洋《よう》、西太平洋《にしたいへいよう》

ちょっとひとこと
ウミウシの仲間《なかま》はオスとメスの機能《きのう》どちらも持《も》っている！

ヘンテコかわいい 15

キンカジューは ベロが顔《かお》より長《なが》い なぞ多《おお》きいきもの

夜《よ》中《なか》の熱帯雨林《ねったいうりん》から聞《き》こえる、「キーキー」「ピーピー」といったなぞの高音《こうおん》……。昼間《ひるま》はほとんど見《み》かけることのない珍《ちん》じゅう、キンカジューの声《こえ》です。

　キンカジューは**アライグマの仲間《なかま》。**顔《かお》は丸《まる》っこく、横《よこ》にちょこんとついた耳《みみ》もコロンと丸《まる》め。みっしりと生《は》えた毛《け》は短《みじか》く、色《いろ》は茶色《ちゃいろ》やオリーブ色《いろ》。黄《き》や赤《あか》が混《ま》じった色《いろ》など落《お》ち着《つ》いたおしゃれな色合《いろあ》いで、とてもあいきょうのある姿《すがた》をしています。木登《きのぼ》りが得意《とくい》で地上《ちじょう》に降《お》りることはあまりなく、長《なが》いしっぽを木《き》の枝《えだ》に巻《ま》きつけてぶら下《さ》がるところを見《み》るとサルのようですが、よく見《み》るとまったくちがうのもふしぎです。

　肉食《にくしょく》のアライグマとはちがい、キンカジューは花《はな》のみつや果物《くだもの》といったあまいものが大好物《だいこうぶつ》。**およそ13センチもある長《なが》い舌《した》**を器用《きよう》にのばして、みつをなめ取《と》って食《た》べます。写真《しゃしん》などをぜひ見《み》てみてくださいね！

Profile
プロフィール

キンカジュー

- **分類《ぶんるい》：** 食肉目《しょくにくもく》アライグマ科《か》
- **大《おお》きさ：** 体長《たいちょう》42～76センチ
- **生息地《せいそくち》：** メキシコ南部《なんぶ》からブラジル中央部《ちゅうおうぶ》の熱帯雨林《ねったいうりん》

ちょっとひとこと
名前《なまえ》は日本語《にほんご》みたいだけど、現地《げんち》での呼《よ》び名《な》だよ

ハダカデバネズミはシワシワだけどスーパーマウス！

ハダカで、長《なが》い出《で》っ歯《ぱ》（デバ）がとくちょう。シワシワにたるんだピンク色《いろ》の肌《はだ》、ブタのような鼻《はな》を持《も》つハダカデバネズミは、ネズミの中《なか》でもとびきりユニークないきものです。

毛《け》が生《は》えていないはだかの体《からだ》は、地《ち》下生活《かせいかつ》に特化《とっか》した結果《けっか》。土《つち》の中《なか》の温度《おんど》は一年中安定《いちねんじゅうあんてい》しているため、**毛《け》で体《からだ》をおおう必要《ひつよう》がなくなった**と考《かんが》えられています。歯《は》はくちびるの外《そと》にあり、土《つち》が口《くち》に入《はい》らない構造《こうぞう》です。この歯《は》で全長《ぜんちょう》3キロにもなるトンネルを掘《ほ》り、そこを巣《す》にして大家族《だいかぞく》で生活《せいかつ》します。

体《からだ》の大《おお》きさはふつうのネズミとあまり変《か》わりませんが、ネズミの寿命《じゅみょう》が約《やく》3年《ねん》であるのに対《たい》し、ハダカデバネズミ

の寿命《じゅみょう》は約《やく》30年《ねん》！ 寿命《じゅみょう》の約《やく》8割《わり》の期間《きかん》は、体《からだ》の機能《きのう》がおとろえず、さらに、**がんに対《たい》する耐性《たいせい》が非常《ひじょう》に高《たか》い**こともわかっています。見《み》かけによらず、すごいヒミツがたくさんあるんですね！

Profile
プロフィール

ハダカデバネズミ

- **分類《ぶんるい》：** 齧歯目《げっしもく》デバネズミ科《か》
- **大《おお》きさ：** 体長《たいちょう》8～9センチ、尾長《びちょう》3～4.5センチ
- **生息地《せいそくち》：** アフリカ東部《とうぶ》の乾燥《かんそう》した土地《とち》

ちょっとひとこと
酸素《さんそ》がなくても18分間《ぷんかん》耐《た》えられた子《こ》がいたよ

ヘンテコかわいい 17

ソデカラッパは まるで歩《ある》く おまんじゅう

カラッパはカニの仲間《なかま》。ふしぎな名前《なまえ》は、インドネシア語《ご》で「ヤシの実《み》」を意味《いみ》する言葉《ことば》からつけられたといわれています。たしかにまん丸《まる》で、**ヤシの実《み》やおまんじゅうそっくり。**カラッパの中《なか》でもソデカラッパは、こうらが服《ふく》のそでのように広《ひろ》がっていて、よりいっそうまん丸《まる》です。

本当《ほんとう》にいきもの？　と心《しん》配《ぱい》になりますが、体《からだ》の中《なか》にあしがしまわれているだけで、歩《ある》くときはあしを出《だ》して歩《ある》きます。でも、ふだんは砂《すな》にもぐってあまり動《うご》かず、目《め》だけを外《そと》に出《だ》しています。**危険《きけん》を感《かん》じると、すぐに全身《ぜんしん》を砂《すな》にかくす**ので、「恥《は》ずかしがり屋《や》のカニ」なんてあだ名《な》も。大《おお》きなはさみで口元《くちもと》をかくす様子《ようす》も、テレているみたい。

いつもかくれていますが、水族館《すいぞくかん》ではときどき、水《すい》そうの中《なか》を動《うご》き回《まわ》ったり、口《くち》から水《みず》をふきだしたりといったおもしろい姿《すがた》を見《み》せてくれるそうですよ。

Profile
プロフィール

ソデカラッパ

- 分類《ぶんるい》：十脚目《じっきゃくもく》カラッパ科《か》
- 大《おお》きさ：甲幅《こうはば》約《やく》6センチ
- 生息地《せいそくち》：日本《にほん》では本州《ほんしゅう》〜沖縄《おきなわ》

ちょっとひとこと
右《みぎ》のはさみにある突起《とっき》で、貝《かい》を割《わ》って中身《なかみ》を食《た》べるよ

ヘンテコかわいい 18

ホヤの赤《あか》ちゃんの顔《かお》は よく見《み》ると みんなちがう

ホヤは海《うみ》にすむユニークないきもの。貝《かい》でも魚《さかな》でもなく、私《わたし》たち人間《にんげん》のような、背骨《せぼね》のあるいきものの祖先《そせん》に近《ちか》い仲間《なかま》とされています。

大人《おとな》になると動《うご》かなくなり、色《いろ》や形《かたち》から**「海《うみ》のパイナップル」とも呼《よ》ばれます。**たとえばマボヤは全身《ぜんしん》が赤《あか》やオレンジ系《けい》のあざやかな色《いろ》で、表面《ひょうめん》はゴツゴツとした突起《とっき》があり一見《いっけん》グロテスク。でも、じっと見《み》ていると宝石《ほうせき》のように美《うつく》しいんです。

成長《せいちょう》の様子《ようす》もおもしろく、卵《たまご》から生《う》まれた赤《あか》ちゃんは、しばらく水《みず》の中《なか》をオタマジャクシのように泳《およ》ぎ回《まわ》ります。**成長《せいちょう》すると、岩《いわ》などにくっついて暮《く》らしはじめます**が、このころの姿《すがた》が「人《ひと》が笑《わら》っている顔《かお》みたい」「パンダとがいこつが組《く》み合《あ》わさったよう」と、SNS《エスエヌエス》などでたびたび話題《わだい》になります。ふしぎできれいでおもしろいなんて、変《か》わったいきものですね！

Profile
プロフィール

ホヤ

- **分類《ぶんるい》：** マボヤ目《もく》マボヤ科《か》
- **大《おお》きさ：** 体長約《たいちょうやく》15センチ
- **生息地《せいそくち》：** 日本《にほん》では北海道《ほっかいどう》～九州《きゅうしゅう》

ちょっとひとこと
小《ちい》さないきものをエラでこしとって食《た》べるよ

column

［コラム］命《いのち》がけなのにかわいいケンカ

いきものたちのケンカは真剣《しんけん》そのもので、ときに命《いのち》がけです。しかし本《ほん》人《にん》たちは必死《ひっし》でも、私《わたし》たちにはかわいく見《み》えてしまうこともあります。そんなほほえましいケンカをご紹介《しょうかい》！

コラム9 キッシンググラミーは戦《たたか》う姿《すがた》がキスみたい!?

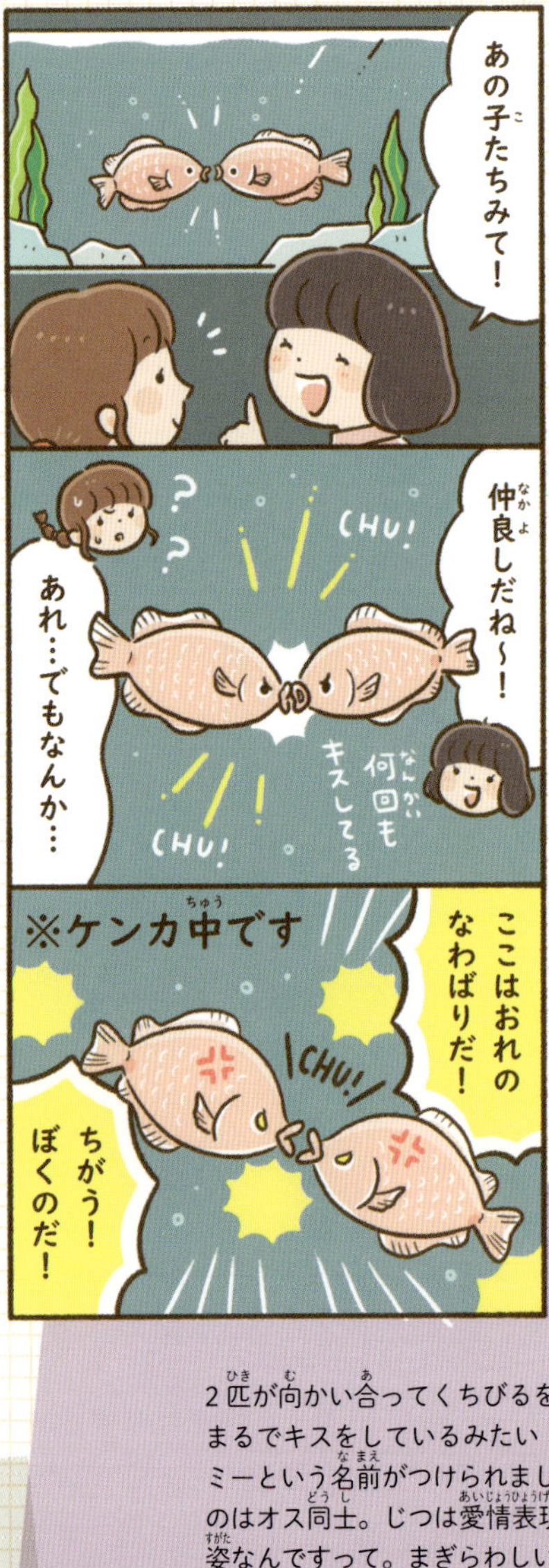
あの子《こ》たちみて！
仲良《なかよ》しだね〜！
CHU!
??
何回《なんかい》もキスしてる
CHU!
あれ…でもなんか…
※ケンカ中《ちゅう》です
ここはおれのなわばりだ！
ちがう！ぼくのだ！
CHU!

Data

- 分類《ぶんるい》／スズキ目《もく》ヘロストマ科《か》
- 大《おお》きさ／全長《ぜんちょう》約《やく》15センチ
- 生息地《せいそくち》／東南《とうなん》アジアの湖沼《こしょう》

解説《かいせつ》

2匹《ひき》が向《む》かい合《あ》ってくちびるをつきだし、つつきあう様子《ようす》がまるでキスをしているみたい！ そこからこのキッシンググラミーという名前《なまえ》がつけられました。だけど向《む》かい合《あ》っているのはオス同士《どうし》。じつは愛情表現《あいじょうひょうげん》ではなくて、ケンカしている姿《すがた》なんですって。まぎらわしい！

コラム⑩

レッサーパンダのケンカはぜんぜんこわくない

Data

- 分類《ぶんるい》/食肉目《しょくにくもく》レッサーパンダ科《か》
- 大《おお》きさ/体長《たいちょう》50〜65センチ
- 生息地《せいそくち》/ネパール、ブータンなど

解説《かいせつ》

レッサーパンダはジャイアントパンダとはちがい、アライグマに近《ちか》い仲間《なかま》。丸《まる》い顔《かお》とフサフサした大《おお》きなしっぽがとくちょうで、竹《たけ》や果物《くだもの》を食《た》べます。両前《りょうまえ》あしを広《ひろ》げて立《た》ち上《あ》がるポーズは、こうげきが目的《もくてき》ではありません。相手《あいて》をいかくし、戦《たたか》う前《まえ》におどろかせるため。ぜんぜんこわくないですね。

コラム 11

キリンは戦《たたか》っているうちに恋《こい》しちゃう!?

Data

●分類《ぶんるい》／偶蹄目《ぐうていもく》キリン科《か》

●大《おお》きさ／頭頂高《とうちょうこう》4.5〜5.8メートル

●生息地《せいそくち》／アフリカのサバンナ

解説《かいせつ》

キリンは、オス同士《どうし》がメスをめぐって争《あらそ》うことがあります。その際《さい》に見《み》せる、首《くび》をからめ合《あ》ったり打《う》ちつけたりする「ネッキング」という力比《ちからくら》べ行動《こうどう》。その結果《けっか》、戦《たたか》っていたオス同士《どうし》のキョリがちぢまり、なんと「ぎじれんあい」のような行動《こうどう》にエスカレートすることがあるんだとか。キリンの心《こころ》はむずかしい!

コラム 12

ネコはケンカを通《とお》して成長《せいちょう》する

Data

●分類《ぶんるい》／食肉目《しょくにくもく》ネコ科《か》

●大《おお》きさ／体長約《たいちょうやく》55センチ（品種《ひんしゅ》による）

●生息地《せいそくち》／ペットとしては世界中《せかいじゅう》

解説《かいせつ》

ネコはペットとして人《ひと》といっしょに暮《く》らしても、野生《やせい》の本能《ほんのう》を失《うしな》いません。子《こ》ネコは遊《あそ》びの中《なか》で、狩《か》りを学《まな》び、体《からだ》や心《こころ》を発達《はったつ》させます。きょうだいで飼《か》っていると、じゃれあいながらおたがいに学《まな》び合《あ》います。大人《おとな》になっても遊《あそ》び好《ず》きで、おもちゃを好《この》むネコはとても多《おお》いんですよ。

ゆるゆるいきもののスローライフ

4章

にくめない！

やるきがなくて かわいい いきもの

ダラダラするのも才能《さいのう》のうち

ダラかわいい 1

パンダがだらけているのはいっしょうけんめい生《い》きているから

パンダがだらりと寝《ね》そべる姿《すがた》は見《み》ているだけでいやされますよね。あんまり動《うご》くのが好《す》きじゃないのかな？と思《おも》うかもしれませんが、これにはちゃんと理由《りゆう》があります。

パンダのおもな食《た》べ物《もの》は笹《ささ》や竹《たけ》の葉《は》。これらの葉《は》はせんい質《しつ》が多《おお》く、パンダはじょうずに消化《しょうか》することができません。食《た》べた分《ぶん》の多《おお》くが、そのままウンチとして出《で》てきてしまいます。そのため、たくさんの量《りょう》を食《た》べてエネルギーを確保《かくほ》していますが、それだけでは足《た》りないのか、**できるだけ体《からだ》を動《うご》かさずにエネルギーをたくわえている**ようなのです。

パンダはベタッと座《すわ》ることができますが、これにも理由《りゆう》がひとつ。パンダがす

む竹林《ちくりん》には急《きゅう》な斜面《しゃめん》もあり、そんな場所《ばしょ》でむだなエネルギーを使《つか》わないためには、**体《からだ》のバランスをくずさず安定《あんてい》させる**ことが大切《たいせつ》。キュートな座《すわ》り方《かた》は、じつは斜面《しゃめん》でかなり便利《べんり》な姿勢《しせい》なんですよ。

Profile
プロフィール

パンダ

- **分類《ぶんるい》：** 食肉目《しょくにくもく》クマ科《か》
- **大《おお》きさ：** 体長《たいちょう》1.6〜1.9メートル
- **生息地《せいそくち》：** 中国《ちゅうごく》などの東《ひがし》アジア

ちょっとひとこと
生《う》まれたばかりの赤《あか》ちゃんは白黒《しろくろ》もようではなく、全身《ぜんしん》ピンク色《いろ》だよ

ダラかわいい 2

ナマケグマの 子《こ》どもはママの 背中《せなか》に乗《の》って移動《いどう》

ナマケグマはインドにすむクマ。なまけているクマと思《おも》われがちですが、そんなことはありません。**大《おお》きく曲《ま》がってのびる前《まえ》あしのつめがナマケモノに似《に》ている**ことから、この名前《なまえ》になったそう。実《じっ》際《さい》は動《うご》きも早《はや》く、敵《てき》にも立《た》ち向《む》かいます。

　このナマケグマ、食事《しょくじ》が変《か》わっています。長《なが》いつめを使《つか》ってシロアリの巣《す》をこわし、鼻《はな》をつっこんでそうじきのようにシロアリを吸《す》いこみます。上《うえ》の前歯《まえば》が2本《ほん》しかなく、すきまがあって、そこから空気《くうき》とともにシロアリを効率《こうりつ》よく吸《す》いこむのです。食事中《しょくじちゅう》は大《おお》きな音《おと》を立《た》てるため、遠《とお》くからでもナマケグマがいることがわかるほど！

　ママは、1月《がつ》から3月《がつ》ごろに巣穴《すあな》で子《こ》どもを産《う》み、2〜3か月間《げつかん》穴《あな》の中《なか》で育《そだ》てます。そのあと、**子《こ》どもを背中《せなか》に乗《の》せたまま生活《せいかつ》する**んですよ。なまけるひまなんてなさそうですね！

Profile
プロフィール

ナマケグマ

- 分類《ぶんるい》：食肉目《しょくにくもく》クマ科《か》
- 大《おお》きさ：体長《たいちょう》1.4〜1.8メートル
- 生息地《せいそくち》：インドやスリランカなどの森林《しんりん》

ちょっとひとこと
後《うし》ろあしで立《た》って、周囲《しゅうい》を見《み》ることができるよ

ダラかわいい 3

ビンツロングのおしりはポップコーンのにおい

ビンツロングはジャコウネコ科《か》のいきもので、黒《くろ》い毛《け》に長《なが》いひげがとくちょう。名前《なまえ》はマレー語《ご》で「クマのようなネコ」という意味《いみ》で、「クマネコ」とも呼《よ》ばれています。

ジャコウネコ科《か》の仲間《なかま》はおしりに「臭腺《しゅうせん》」（においを出《だ》す器官《きかん》）があります。ここから**強力《きょうりょく》なにおいを出《だ》して、自分《じぶん》のなわばりをアピール**しているのですが、ビンツロングが出《だ》すにおいは、なんとアツアツのポップコーンそのもの！とても香《こう》ばしくいいにおいで、**本物《ほんもの》のポップコーンと同《おな》じ成分《せいぶん》がふくまれる**そうです。そんなにいいにおいなら、かいでみたいかも？

木《き》の上《うえ》で暮《く》らすビンツロングは、昼間《ひるま》はほとんど寝《ね》ています。体《からだ》と同《おな》じくらい長《なが》いしっぽをクッション代《が》わりにしたり、木《き》の枝《えだ》に巻《ま》きつけて体《からだ》を固定《こてい》させたりしているんですって。動物園《どうぶつえん》で会《あ》えたら、ぜひ観《かん》察《さつ》してみてくださいね。

Profile
プロフィール

ビンツロング

- **分類《ぶんるい》**：食肉目《しょくにくもく》ジャコウネコ科《か》
- **大《おお》きさ**：体長《たいちょう》61～97センチ、尾長《びちょう》56～89センチ
- **生息地《せいそくち》**：インド北東部《ほくとうぶ》、東南《とうなん》アジアなど

ちょっとひとこと
赤《あか》ちゃんはふたごか三《み》つ子《ご》で生《う》まれることが多《おお》いよ

ダラかわいい 4

アフリカハイギョは水《みず》がなくなると土《つち》の中《なか》で眠《ねむ》っちゃう

ハイギョは、4億年《おくねん》ほど前《まえ》に現《あらわ》れたといわれている魚《さかな》。たくさんの種類《しゅるい》が化石《かせき》として見《み》つかっているため「生《い》きた化石《かせき》」とも呼《よ》ばれます。

魚《さかな》の仲間《なかま》はエラ呼吸《こきゅう》によって水《みず》の中《なか》の酸素《さんそ》を体内《たいない》にとりこみますが、**ハイギョはなんと肺呼吸《はいこきゅう》をします。**子《こ》どものころはエラ呼吸《こきゅう》ですが、成長《せいちょう》すると肺《はい》で呼吸《こきゅう》するように。数時間《すうじかん》おきに水面《すいめん》に顔《かお》を出《だ》して息《いき》つぎをします。

仲間《なかま》のうちヒガシアフリカハイギョは、乾期《かんき》（雨《あめ》が少《すく》なく乾燥《かんそう》する季節《きせつ》）になって沼地《ぬまち》の水《みず》が干上《ひあ》がってしまうと、体《からだ》からネバネバしたねん液《えき》を出《だ》して泥《どろ》の中《なか》にまゆをつくり、その中《なか》で眠《ねむ》ります。雨期《うき》（雨《あめ》の多《おお》い季節《きせつ》）が訪《おとず》れるまでの数《すう》か月《げつ》、**まゆの中《なか》で何《なに》も食《た》べずに眠《ねむ》り続《つづ》け**、水《みず》が増《ふ》えると目《め》をさまして泳《およ》ぎだすんです。これは肺呼吸《はいこきゅう》だからこそのスゴ技《わざ》。ふしぎすぎてびっくりですね！

Profile
プロフィール

ヒガシアフリカハイギョ

分類《ぶんるい》：ミナミアメリカハイギョ目《もく》
アフリカハイギョ科《か》

大《おお》きさ：全長《ぜんちょう》1.8～2メートル

生息地《せいそくち》：アフリカ東部《とうぶ》

ちょっとひとこと
漢字《かんじ》で書《か》くと「肺魚《はいぎょ》」だよ

ダラかわいい 5

ゴマフアザラシは すべり台《だい》をのろのろ登《のぼ》り スーッとすべる

ゴマフアザラシは水族館《すいぞくかん》の人気者《にんきもの》。北海道《ほっかいどう》の海岸《かいがん》では、おもに冬《ふゆ》の寒《さむ》い時期《じき》、野生《やせい》のゴマフアザラシの姿《すがた》が見《み》られることもあります。人気《にんき》の理由《りゆう》は、脂肪《しぼう》たっぷりの丸《まる》っこい体《からだ》。アザラシを見《み》るために全国《ぜんこく》をめぐる、「アザラー」という人《ひと》たちもいるほどです。

アザラシは動《うご》きもみりょく的《てき》。水中《すいちゅう》ではすばやく泳《およ》ぎますが、**陸上《りくじょう》では腰《こし》を上下《じょうげ》に動《うご》かしながら進《すす》む**ため、まるでイモムシみたい。のろのろとした動《うご》きのため速《はや》くなく、そこがまたキュンとします!

北海道《ほっかいどう》にあるおたる水族館《すいぞくかん》では、そのキュートな動《うご》きを生《い》かした、すべり台《だい》パフォーマンスを公開《こうかい》しています。アザラ

シはなだらかな台《だい》をボヨンボヨンと登《のぼ》り、プールに続《つづ》く**すべり台《だい》をスーッとすべり降《お》ります。**次々《つぎつぎ》にアザラシがすべり台《だい》にやってきて、どんどんすべる姿《すがた》は、永遠《えいえん》に見《み》ていられるあいらしさです。

Profile
プロフィール

ゴマフアザラシ

- **分類《ぶんるい》**：食肉目《しょくにくもく》アザラシ科《か》
- **大《おお》きさ**：体長《たいちょう》1.6～1.7メートル
- **生息地《せいそくち》**：オホーツク海《かい》、ベーリング海《かい》など

ちょっとひとこと
冬《ふゆ》は海《うみ》にできる流氷《りゅうひょう》の上《うえ》で暮《く》らすよ

ダラかわいい 6

ニシオンデンザメは世界《せかい》一《いち》泳《およ》ぐのが遅《おそ》い魚《さかな》

ヒレをじょうずに動《うご》かし、水《みず》の中《なか》をすべるようにスイスイと泳《およ》ぐ魚《さかな》たち。一番速《いちばんはや》く泳《およ》ぐ魚《さかな》はバショウカジキでその速《はや》さは時速《じそく》100キロメートルをこえるといわれます。では一番《いちばん》泳《およ》ぐのが遅《おそ》い魚《さかな》はというと、ニシオンデンザメです。

その泳《およ》ぐスピードは最高《さいこう》でも時速《じそく》3キロメートルほど。ふだんは時速《じそく》800メートルぐらいなんですって。人間《にんげん》が歩《ある》く速度《そくど》は時速《じそく》4キロメートルほどといわれていますから、だいぶゆっくりとしていますよね。なんでも**尾《お》ビレを1回《かい》ふるのに7秒《びょう》もかかる**んだとか。深《ふか》い海《うみ》の底《そこ》では、急《いそ》ぐ必要《ひつよう》もないのかも？

ゆっくり泳《およ》ぐことと、寿《じゅ》命《みょう》の長《なが》さの関係《かんけい》についてはまだわかっていませんが、このニシオンデンザメ、**平均《へいきん》寿命《じゅみょう》は270年《ねん》。**生《う》まれてから大人《おとな》になるまで150年《ねん》もかかることと、中《なか》には400年以上《ねんいじょう》生《い》きるものもいることにはびっくりです。

Profile
プロフィール

ニシオンデンザメ

- **分類《ぶんるい》：** ツノザメ目《もく》オンデンザメ科《か》
- **大《おお》きさ：** 全長《ぜんちょう》2～7メートル
- **生息地《せいそくち》：** 北大西洋《きたたいせいよう》から北極海《ほっきょくかい》の2000メートルまでの深海域《しんかいいき》

ちょっとひとこと
においをたよりに狩《か》りをするよ

ダラかわいい 7

ホッキョクギツネは おもち姿《すがた》になれば マイナス70度《ど》でも ホカホカ

マイナス70度《ど》の寒《さむ》さにも耐《た》えられる、ホッキョクギツネ。鼻先《はなさき》や耳《みみ》が短《みじか》く、あし裏《うら》まで毛《け》でおおわれ、外気《がいき》とふれる部分《ぶぶん》が少《すく》なく、寒《さむ》さにとても強《つよ》い体《からだ》のつくりをしています。

また、体《からだ》を「C《シー》」の文字《もじ》のように丸《まる》めることで、**寒《さむ》い空気《くうき》とふれる部分《ぶぶん》を減《へ》らし、熱《ねつ》をのがさない**ようにしています。ふさふさのしっぽを体《からだ》に巻《ま》きつければ、さらに保温効果《ほおんこうか》を高《たか》められます。その姿《すがた》は、まさに白《しろ》いおもちのようです。この姿勢《しせい》でいると、むだなエネルギーを使《つか》わないというメリットも。**狩《か》りのチャンスにそなえて、体力《たいりょく》を残《のこ》している**んですね。

ホッキョクギツネの毛《け》はもっふもふですが、すべてが白《しろ》いわけではありません。季節《きせつ》によって毛《け》の色《いろ》が変《か》わり、夏毛《なつげ》は短《みじか》くてグレーや茶色《ちゃいろ》に、冬毛《ふゆげ》はとても厚《あつ》くなり純白《じゅんぱく》になる白毛型《しろげがた》と、青《あお》みを帯《お》びた青毛型《あおげがた》の2タイプあるそうですよ。

Profile
プロフィール

ホッキョクギツネ

- 分類《ぶんるい》：食肉目《しょくにくもく》イヌ科《か》
- 大《おお》きさ：体長《たいちょう》41～68センチ
- 生息地《せいそくち》：ヨーロッパ、アジアと北《きた》アメリカの北極圏《ほっきょくけん》

ちょっとひとこと
巣穴《すあな》は出入口《でいりぐち》が平均《へいきん》27個《こ》もあって複雑《ふくざつ》なトンネルでつながっているよ

ダラかわいい 6

ライオンのオスは寝《ね》てばかりだけどやっぱり百獣《ひゃくじゅう》の王《おう》

ライオンといえば、サバンナの王者《おうじゃ》というイメージですが、実際《じっさい》はかなりだらけた生活《せいかつ》をしています。1日《にち》のほとんどの時間《じかん》寝《ね》ていて、**約《やく》20時間《じかん》も眠《ねむ》ることがある**ほど。昼間《ひるま》の暑《あつ》い時間《じかん》帯《たい》は、木《こ》かげや草《くさ》むらで過《す》ごし、夕方《ゆうがた》、涼《すず》しくなってくると活動《かつどう》をはじめます。

この生活《せいかつ》スタイルは、狩《か》りのときに集中《しゅうちゅう》して動《うご》けるというメリットがあります。ゴロゴロしているのは、エネルギーの節約《せつやく》に役立《やくだ》っているんですね。

オスとメスで、生活《せいかつ》スタイルがまったくちがうのもおもしろい。狩《か》りはメス同士《どうし》で協力《きょうりょく》し、チームワークをいかして成功率《せいこうりつ》を高《たか》めています。大《おお》きなえものをねらうときには、オスが参加《さんか》することも

あります。オスはいつも参加《さんか》するというわけではなく、おもな役割《やくわり》は、**なわばり確保《かくほ》とほかのオスからのこうげきを防《ふせ》ぐこと**です。きちんと役割分担《やくわりぶんたん》できているなんて、とてもかしこいですよね。

Profile
プロフィール

ライオン

- **分類《ぶんるい》**：食肉目《しょくにくもく》ネコ科《か》
- **大《おお》きさ**：体長《たいちょう》1.7～2.5メートル
- **生息地《せいそくち》**：アフリカ、南《みなみ》アジア

ちょっとひとこと
1～3頭《とう》のオスと複数《ふくすう》のメスからなるプライドと呼《よ》ばれる群《む》れをつくって暮《く》らすよ

ダラかわいい 9

アベニーパファーは ねぼすけに見《み》える 世《せ》界《かい》一《いち》小《ちい》さいフグ

アベニーパファーは世《せ》界《かい》で一番小《いちばんちい》さいフグの仲間《なかま》。すんでいるのはインドの流《なが》れがゆるやかな河《か》川《せん》です。フグの仲間《なかま》の多《おお》くは海《うみ》の中《なか》で暮《く》らしていますが、このフグは淡水魚《たんすいぎょ》なんです。

鳥《とり》がはねをパタパタさせているかのようにあいらしく泳《およ》ぎますが、魚《さかな》なので動《うご》かしているのははねではなく、ヒレです。水《すい》そう内《ない》を上《うえ》に行《い》ったり、下《した》に行《い》ったりとフワフワとした動《うご》きは風船《ふうせん》のよう。でもこの泳《およ》ぎを見《み》せてくれるときはあまり多《おお》くなく、**ほとんどの時間水《じかんすい》そうの底《そこ》にしずんでいる**いやし系《けい》です。これは、エネルギーの節約《せつやく》や、あまり目立《めだ》たないようにするのに役立《やくだ》っているのでしょう。

とはいえ、食事《しょくじ》の時間《じかん》は楽《たの》しみのひとつ。**エサをもらえるときには水面近《すいめんちか》くまでやってきて、**人《ひと》なつっこいところを見《み》せてくれるんですよ。

アベニーパファー

Profile
プロフィール

- 分類《ぶんるい》：フグ目《もく》フグ科《か》
- 大《おお》きさ：全長約《ぜんちょうやく》3センチ
- 生息地《せいそくち》：インド。ペットとしては世界中《せかいじゅう》

ちょっとひとこと
ほかのフグと同様《どうよう》に、強《つよ》い毒《どく》を持《も》っているよ！

ダラかわいい 10

ミユビナマケモノは
のろいけど
泳《およ》げば速《はや》さ倍《ばい》！
…けどまだ遅《おそ》い！

ほ乳類《にゅうるい》の中《なか》で、もっとも動《うご》きが遅《おそ》いいきものがナマケモノ。地上《ちじょう》を進《すす》むスピードは**時速約《じそくやく》0.9キロメートルで、スローモーション動画《どうが》のよう**です。ゆっくりすぎて体《からだ》にコケが生《は》えると言《い》われるほどですが、コケのおかげでまわりの木々《きぎ》にとけこんで、敵《てき》に見《み》つかりにくいんです。

ミユビナマケモノという種《しゅ》は、長《なが》い前《まえ》あしを器用《きよう》に動《うご》かして泳《およ》ぐことができます。木《き》の上《うえ》から川《かわ》にとびこむこともあるんですって。とはいえ、やっぱり泳《およ》ぐときも、時速約《じそくやく》1.6キロメートルと、あんまり速《はや》くありません。**泳《およ》ぎが遅《おそ》いとされるウミガメにも、まったく敵《かな》わない**ほどです。

でも、水中《すいちゅう》で約《やく》2倍《ばい》もの速《はや》さになれるということは、人間《にんげん》でいえば、とつぜんアスリートになったようなもの。敵《てき》から逃《に》げるときなどに、泳《およ》げることは大《おお》きなメリットです。遅《おそ》いだけじゃなくてよかったですね！

Profile
プロフィール

ミユビナマケモノ

分類《ぶんるい》：有毛目《ゆうもうもく》ミユビナマケモノ科《か》

大《おお》きさ：体長《たいちょう》50～70センチ

生息地《せいそくち》：南《みなみ》アメリカの熱帯《ねったい》雨林《うりん》

ちょっとひとこと
首《くび》を約《やく》270度《ど》も回転《かいてん》させることができるよ

ダラかわいい 11

イッシキマイマイは自分《じぶん》のしっぽを敵《てき》に食《た》べさせて逃《に》げる

しとしとと雨《あめ》が降《ふ》る日《ひ》に見《み》かけるいきものがカタツムリ。背中《せなか》にカラをのせている通《とお》り、貝《かい》の仲間《なかま》。**じつは陸《りく》にすむ巻貝《まきがい》**なんですよ。葉《は》っぱの上《うえ》をゆっくりとすべるようにして進《すす》む姿《すがた》に、のんびり屋《や》さんなのかな？と勝手《かって》な想《そう》像《ぞう》をしてしまいます。でも、カタツムリって、本当《ほんとう》はすごいんです。

カタツムリは危険《きけん》を察《さっ》するとカラの中《なか》にかくれるのですが、沖縄県《おきなわけん》の島《しま》にすむイッシキマイマイは、とくにすごい技《わざ》を持《も》っています。天敵《てんてき》のイワサキセダカヘビから身《み》を守《まも》るために、**かみつかれるとしっぽを切《き》り捨《す》ててしまうんです。**しかも、そのしっぽはあとから再生《さいせい》されるというからおどろき！再生《さいせい》されたしっ

ぽは明《あき》らかに色《いろ》がちがうらしいですよ。
しっぽをみずから切《き》るのは、カラが小《ちい》さい子《こ》どものときだけ。カラがじゅうぶんに大《おお》きくなると、しっぽを切《き》ることはしないようです。

Profile
プロフィール

イッシキマイマイ

- 分類《ぶんるい》：柄眼目《へいがんもく》ナンバンマイマイ科《か》
- 大《おお》きさ：カラの大《おお》きさ
約《やく》4センチ
- 生息地《せいそくち》：石垣島《いしがきじま》、西表島《いりおもてじま》

ちょっとひとこと
大人《おとな》になると、カラの入《い》り口《ぐち》に
ヘビのキバよけの突起《とっき》ができるよ

ダラかわいい 12

チョウチンアンコウの オスはメスの体《からだ》にくっついて一《いっ》体《たい》化《か》

深《しん》海《かい》にすむチョウチンアンコウは、ユニークな姿《すがた》と暮《く》らしぶりで知《し》られる魚《さかな》です。とくに、はんしょく方法《ほうほう》がおもしろく、**オスは自分《じぶん》ではほとんど何《なに》もできず、メスにたよりっきり**です。

メスは体《からだ》が大《おお》きく、オスの約《やく》8倍《ばい》! 頭《あたま》につりざおのような器官《きかん》を持《も》ち、そこが青白《あおじろ》く光《ひか》ります。これは、えものを引《ひ》き寄《よ》せるためです。このつりざおは「イリシウム」と呼《よ》ばれ、その先《さき》っぽにはつりのえさに似《に》せた発光器官《はっこうきかん》「エスカ」があります。

一方《いっぽう》、オスは体《からだ》がとても小《ちい》さく、つりざおも持《も》っていません。オスはメスを見《み》つけ、その体《からだ》にかみついたら最後《さいご》、一生《いっしょう》はなれません。**メスから栄養《えいよう》をもらいながら生《い》きていくのです。**オスの目《め》やヒレはしだいに退化《たいか》し、最終的《さいしゅうてき》にはメスの体《からだ》の一部《いちぶ》のようになってしまうんだとか。ちょっと切《せつ》ない一生《いっしょう》ですね。

Profile
プロフィール

チョウチンアンコウ

- **分類《ぶんるい》**: アンコウ目《もく》チョウチンアンコウ科《か》
- **大《おお》きさ**: 全長約《ぜんちょうやく》4センチ(オス)、約《やく》30センチ(メス)
- **生息地《せいそくち》**: 太平洋《たいへいよう》、大西洋《たいせいよう》、日本各地《にほんかくち》の水深《すいしん》600〜1200メートル

ちょっとひとこと
エスカが光《ひか》るのは、発光《はっこう》バクテリアが寄生《きせい》しているから

ダラかわいい 13

アマミノクロウサギは耳《みみ》もあしも短《みじか》くて動《うご》きものんびり

すばしっこいイメージのあるウサギですが、アマミノクロウサギは**後《うし》ろあしが短《みじか》く、耳《みみ》も短《みじか》くて丸《まる》く、目《め》も小《ちい》さめ。**原始的《げんしてき》なウサギといわれています。生息地《せいそくち》の奄美大島《あまみおおしま》と徳之島《とくのしま》には敵《てき》がいなかったので、ほかの動物《どうぶつ》をあまりこわがりません。

前《まえ》あしには長《なが》くするどいつめがあり、これをいかして巣穴《すあな》をつくります。そしてなんと、**赤《あか》ちゃんをその巣《す》に入《い》れ、出入《でい》り口《ぐち》に土《つち》をかけて、たたいてふたをします。**そのあとは2日《か》ごとに巣穴《すあな》を掘《ほ》って開《あ》け、母乳《ぼにゅう》をあげ終《お》わるとまたふたをします。ずいぶんと変《か》わった子育《こそだ》てですよね。

そんなアマミノクロウサギには、大《おお》きな危機《きき》がありました。昔《むかし》、島《しま》に持《も》ちこまれたマングースにたくさん食《た》べられてしまったのです。その後《ご》、奄美大島《あまみおおしま》はマングースゼロを達成《たっせい》しましたが、現在《げんざい》でも絶滅危惧種《ぜつめつきぐしゅ》に指定《してい》されています。

Profile
プロフィール

アマミノクロウサギ

分類《ぶんるい》：ウサギ目《もく》ウサギ科《か》

大《おお》きさ：体長《たいちょう》43〜47センチ

生息地《せいそくち》：奄美大島《あまみおおしま》、徳之島《とくのしま》

ちょっとひとこと
一度《いちど》に20〜30個《こ》の丸《まる》いウンチをするよ

ダラかわいい 14

マナマコは内臓《ないぞう》をはきだしても元通《もとどお》りになる

マナマコはナマコの一《いっ》種《しゅ》で、昔《むかし》から食材《しょくざい》としても知《し》られています。体《からだ》はソーセージのような形《かたち》で、海底《かいてい》にボテッと置《お》かれたような体勢《たいせい》であまり動《うご》きませんが、じつはすごいんです。

マナマコの体《からだ》は**脳《のう》や目《め》がなく、体《からだ》の9割以上《わりいじょう》が水分《すいぶん》**です。そんな体《からだ》で生《い》きていけるの？　と心配《しんぱい》になりますが、すぐれた体《からだ》の機能《きのう》と構造《こうぞう》をいかして、力強《ちからづよ》く生《い》き抜《ぬ》いています。食事《しょくじ》は、海底《かいてい》の砂《すな》や泥《どろ》をそのまま飲《の》みこみ、その中《なか》にいる小《ちい》さなプランクトンを食《た》べるスタイル。食《た》べ物《もの》がないときは、体内《たいない》の脂肪《しぼう》やタンパク質《しつ》を分解《ぶんかい》してエネルギーを得《え》ています。

さらに、マナマコはしげきを受《う》けると**内臓《ないぞう》をはきだす習性《しゅうせい》があります。**でも、はきだした部分《ぶぶん》は半年《はんとし》ほどで元通《もとどお》りになり、体《からだ》の一部《いちぶ》が切《き》れても再生《さいせい》することができるんですよ。見《み》た目《め》よりもすごいところばっかりなんですね！

Profile
プロフィール

マナマコ

- **分類《ぶんるい》**：楯手目《じゅんしゅもく》シカクナマコ科《か》（マナマコ）
- **大《おお》きさ**：体長《たいちょう》20～30センチ
- **生息地《せいそくち》**：日本各地《にほんかくち》の沿岸域《えんがんいき》など

ちょっとひとこと
エネルギーの使《つか》い方《かた》がじょうずで
人間《にんげん》の100倍以上《ばいいじょう》も効率《こうりつ》がいいんだよ

ダラかわいい 15

トピは地味《じみ》すぎてシマウマに混《ま》じってもおこられない

トピはウシの仲間《なかま》で、10〜20頭《とう》の群《む》れで暮《く》らしています。サバンナには、ハデなもようのシマウマや、長《なが》い首《くび》のキリンなど、目立《めだ》ついきものがいますが、トピはちがいます。とくちょうは、目立《めだ》つところがないこと！**「一番目立《いちばんめだ》たないいきもの」と言《い》われるくらい**なんです。

でも、目立《めだ》たないことが、トピの生《い》きるパワー。トピは、シマウマなどのほかの動物《どうぶつ》の群《む》れにこっそり入《はい》りこみます。でも、とくに追《お》い出《だ》されることがないので、これによりライオンなどの敵《てき》から身《み》を守《まも》っているんですよ。とてもかしこい！

ふだんは地味《じみ》ですが、雨《あめ》の季節《きせつ》になると大変身《だいへんしん》。**何百頭《なんびゃくとう》ものトピが集《あつ》まって、大《おお》きなパーティーをする**のです。このとき、オスのトピたちは結婚相手《けっこんあいて》を見《み》つけるために競争《きょうそう》します。勝《か》ったオスだけが、なわばりと相手《あいて》をゲットできるんだそうですよ。

Profile
プロフィール

トピ

分類《ぶんるい》：偶蹄目《ぐうていもく》ウシ科《か》

大《おお》きさ：体長《たいちょう》1.7〜1.9メートル

生息地《せいそくち》：アフリカ西部《せいぶ》から東部《とうぶ》の乾燥《かんそう》した草原《そうげん》

ちょっとひとこと

草《くさ》があれば、長期間水《ちょうきかんみず》を飲《の》まなくても生《い》きられる

ダラかわいい 16

タコノマクラは生《い》きてるのか死《し》んでるのかわかりにくい

タコノマクラは、名前《なまえ》からは想像《そうぞう》できませんが、ウニの仲間《なかま》です。見《み》た目《め》は丸《まる》いクッションのようですが、**実際《じっさい》はかたいカラでおおわれています。**カラには花《はな》びらのようなもようがあり、このもようは呼吸《こきゅう》するのに大切《たいせつ》な役割《やくわり》をしています。

動《うご》きはとてもゆっくりで、生《い》きているのか死《し》んでいるのかわからないくらいです。この動《うご》きを見《み》ていると、まるで「動《うご》くのがめんどうだな〜」と言《い》っているみたいでなんだか親《した》しみを感《かん》じてしまいます。

口《くち》は体《からだ》の下《した》にあって、プランクトンや海《かい》そうなどをふくんだ砂《すな》や泥《どろ》ごと口《くち》に入《い》れます。この**食事《しょくじ》の様子《ようす》もとてもゆっくり**で、見《み》ていると眠《ねむ》くなってくるほど。でも、ふつうのウニとちがってトゲがとても短《みじか》いので、砂《すな》の中《なか》にもぐって身《み》をかくすことができます。敵《てき》から身《み》を守《まも》るかしこいやつなんですね！

Profile
プロフィール

タコノマクラ

- 分類《ぶんるい》：タコノマクラ目《もく》タコノマクラ科《か》
- 大《おお》きさ：カラの直径約《ちょっけいやく》13センチ
- 生息地《せいそくち》：日本近海《にほんきんかい》（九州南端《きゅうしゅうなんたん》、小《お》笠原諸島《がさわらしょとう》から本州北端《ほんしゅうほくたん》）

ちょっとひとこと
ウニは高級食材《こうきゅうしょくざい》だけど、タコノマクラは食《た》べられない

ダラかわいい 17

ウミガメは泳《およ》ぎが遅《おそ》いけどなまけているわけじゃない

カメは動《うご》きが遅《おそ》いというイメージ、ありますよね？ウミガメもイルカやペンギンと比《くら》べると、たしかに泳《およ》ぎは遅《おそ》いけれど、なまけているというわけじゃないんです。

イルカやペンギンは、人《にん》間《げん》と同《おな》じように、いつも体《からだ》が温《あたた》かいいきもの。冷《つめ》たい海《うみ》の中《なか》でも体《からだ》をポカポカに保《たも》つために、たくさん食《た》べて、活発《かっぱつ》に動《うご》かないといけません。一方《いっぽう》、ウミガメは**まわりの温度《おんど》によって体《たい》温《おん》が変化《へんか》するいきもの。**だから、イルカやペンギンみたいに、体《からだ》を温《あたた》かく保《たも》つためにたくさんのエネルギーを使《つか》う必要《ひつよう》がないんです。

これを「代謝《たいしゃ》が低《ひく》い」といいます。代謝《たいしゃ》が低《ひく》いから、ゆっくり泳《およ》いでも大丈夫《だいじょうぶ》。いわば、エネルギーの節約《せつやく》術《じゅつ》みたいなものです。**のんびり泳《およ》げば効率的《こうりつてき》にエネルギーを使《つか》えて、長時《ちょうじ》間泳《かんおよ》ぎ続《つづ》けられる**というわけ。ゆうがな動《うご》きには、理由《りゆう》があったんですね。

Profile
プロフィール

アカウミガメ

分類《ぶんるい》：カメ目ウミガメ科《か》

大《おお》きさ：甲長《こうちょう》70～100センチ

生息地《せいそくち》：世界中《せかいじゅう》の温暖《おんだん》な海域《かいいき》

ちょっとひとこと
泳《およ》ぎが遅《おそ》いといっても人間《にんげん》よりは速《はや》いよ！

ダラかわいい 18

カンガルーは涼《すず》しくなると元気《げんき》になる

カンガルーといえば、筋肉《きんにく》モリモリのたくましい体《からだ》。ものすごいスピードでかけ回《まわ》っているイメージですが、動物園《どうぶつえん》では**地面《じめん》にゴロゴロ転《ころ》がっている姿《すがた》**ばかり……？

　じつはこれには、体温調節《たいおんちょうせつ》という目的《もくてき》があります。日中《にっちゅう》はあまり活動《かつどう》せず、涼《すず》しい朝《あさ》や夕方《ゆうがた》に活動《かつどう》することが多《おお》いのは、暑《あつ》い日中《にっちゅう》にたくさん活動《かつどう》すると体温《たいおん》が上《あ》がりすぎて、体力《たいりょく》を失《うしな》ってしまうから。だから、日中《にっちゅう》のほとんどの時間《じかん》、木《こ》かげなどの涼《すず》しい場所《ばしょ》で体《からだ》を休《やす》めているのです。動物園《どうぶつえん》では、日差《ひざ》しをさえぎる木《き》や日《ひ》よけなどが設置《せっち》され、涼《すず》しく過《す》ごせるように工夫《くふう》されていることも。そして、日《ひ》の出前《でまえ》や夕方《ゆうがた》などに気温《きおん》が下《さ》がってき

たら、草《くさ》を食《た》べたり、仲間《なかま》と走《はし》り回《まわ》ったりと活動《かつどう》しはじめます。

カンガルーが活発《かっぱつ》に動《うご》き回《まわ》る姿《すがた》を見《み》たいなら、**夕方《ゆうがた》の閉園前《へいえんまえ》などの涼《すず》しい時間《じかん》がねらいめ**です！

Profile
プロフィール

アカカンガルー

- **分類《ぶんるい》**：カンガルー目《もく》カンガルー科《か》
- **大《おお》きさ**：体長《たいちょう》1～1.6メートル（アカカンガルー）
- **生息地《せいそくち》**：オーストラリア

ちょっとひとこと
ママは「育児《いくじ》のう」というポケットで赤《あか》ちゃんを育《そだ》てるよ

姿《すがた》だけでなく、食《た》べ物《もの》や食《た》べ方《かた》がかわいいいきものを集《あつ》めました。どんぐりが大好《だいす》きなツキノワグマ、くちばしが花粉《かふん》まみれになっちゃうメジロなど、いきものたちのあいらしい「食《しょく》」の世界《せかい》にもご注目《ちゅうもく》！

コラム⑬

ツキノワグマはこわそうに見《み》えてじつは草《そう》食《しょく》

どうも ツキノワグマです
ギャー！
バサ バサ
みんなこわがって 逃《に》げちゃうけど
ギャー！
バタバタ
じつは けっこう草《そう》食《しょく》です
あまいものだ〜いすき♡
ぱく
ぱく

Data

- 分類《ぶんるい》／食肉目《しょくにくもく》クマ科《か》
- 大《おお》きさ／体長《たいちょう》120〜180センチ
- 生息地《せいそくち》／日本《にほん》（本州《ほんしゅう》、四国《しこく》）、アジア全域《ぜんいき》

解説《かいせつ》

ツキノワグマは、日本《にほん》では本州《ほんしゅう》と四国《しこく》にすむクマ。おそろしいイメージがあるかもしれませんが、じつはどんぐりや果物《くだもの》が好《す》きで、小動物《しょうどうぶつ》やこんちゅうも食《た》べます。おとなしく、人間《にんげん》をさけることが多《おお》いクマですが、あぶないので見《み》かけても絶対《ぜったい》に近《ちか》づかないでね！

コラム 14

メジロは花《はな》のみつを求《もと》めて飛《と》び回《まわ》る

Data

- 分類《ぶんるい》／スズメ目《もく》メジロ科《か》
- 大《おお》きさ／全長《ぜんちょう》約《やく》12センチ
- 生息地《せいそくち》／日本《にほん》、東《ひがし》アジア

解説《かいせつ》

メジロは花《はな》のみつや果実《かじつ》を好《この》みます。ふだんは群《む》れで行動《こうどう》することが多《おお》く、春《はる》になるとみつを求《もと》めて、花《はな》から花《はな》へ飛《と》び回《まわ》る姿《すがた》が見《み》られます。ときどき、くちばしに花粉《かふん》や花《はな》びらがついていることもあるらしいですよ。見《み》られたらラッキーですね。

コラム 15

フクロモモンガは食《た》べ方《かた》だけお行儀《ぎょうぎ》がわるい？

もぐもぐもぐもぐもぐ
もぐもぐもぐもぐもぐ
もぐもぐもぐもぐもぐ
もぐもぐもぐもぐもぐ
ぺえっ
皮《かわ》

Data

- 分類《ぶんるい》／双前歯目《そうぜんしもく》フクロモモンガ科《か》
- 大《おお》きさ／体長《たいちょう》12～32センチ
- 生息地《せいそくち》／オーストラリア北部《ほくぶ》・東部《とうぶ》など。ペットとしては世界中《せかいじゅう》

解説《かいせつ》

フクロモモンガはペットとしても人気《にんき》のいきもの。なつくと、手《て》わたしで食《た》べ物《もの》を受《う》け取《と》って、あいらしい食《た》べ方《かた》を見《み》せてくれます。でも、クチャクチャ音《おと》を立《た》てるし、食《た》べ物《もの》の汁《しる》だけ吸《す》って、残《のこ》った食《た》べカスをペッとはき出《だ》す習性《しゅうせい》もあってちょっと残念《ざんねん》。でも、かわいいからゆるせちゃうかも？

コラム 16

テッポウウオは水《みず》でっぽうで えものをゲット!

Data

- 分類《ぶんるい》/スズキ目《もく》テッポウウオ科《か》
- 大《おお》きさ/全長《ぜんちょう》15〜25センチ
- 生息地《せいそくち》/東南《とうなん》アジア、日本《にほん》

解説《かいせつ》

テッポウウオは、下《した》あごに水《みず》をため、上《うわ》あごの細《ほそ》いみぞにその水《みず》を通《とお》し、舌《した》を上《うえ》に当《あ》ててからエラぶたをしめることで、水《みず》を飛《と》ばせます。こうして飛《と》ばした水《みず》で、木《き》の上《うえ》にいるえものを打《う》ち落《お》とすんです。そのスゴ技《わざ》を利用《りよう》し、オキアミなどをねらう様子《ようす》を見《み》せてくれる水族館《すいぞくかん》もあります。

おわりに

ふわふわ&《アンド》ふさふさの「かわいい」、
大《おお》きくてたのもしい「かわいい」など、
地球《ちきゅう》にはさまざまな「かわいい」
いきものが暮《く》らしています。

そんないきものの個性《こせい》や、かわいさとはなんなのか、
どうしてそんな形《かたち》になったのか、
なぜ私《わたし》たちはそれを「かわいい」と感《かん》じるのかを
考《かんが》えているうちに心《こころ》がやさしくなっていくこと、
豊《ゆた》かな世界《せかい》に暮《く》らすミラクルに気《き》づくはずです。

見《み》つけた幸《しあわ》せは家《いえ》の人《ひと》や友《とも》だちに教《おし》えて、
たくさん話《はな》し合《あ》ってくださいね。
自然《しぜん》やいきものたちのみりょくをもっと探《さが》し、

絵《え》をかいたり、本《ほん》を読《よ》んだりするのもいいですね。
この本《ほん》を通《つう》じて、いきものたちのあいらしさや
幸《しあわ》せを見《み》つけるヒントになればうれしいです。

参考《さんこう》にした本《ほん》

●この本《ほん》にアドバイスをくれた動物学者《どうぶつがくしゃ》の今泉忠明先生《いまいずみただあきせんせい》の本《ほん》

『ざんねんないきもの事典《じてん》』シリーズ（高橋書店《たかはししょてん》）
『とにかくだいすき！　恋《こい》するいきもの図鑑《ずかん》DX』（カンゼン）2023
『なぜか生《い》きのこったへんな動物《どうぶつ》 おもしろ動物世界地図《どうぶつせかいちず》』（幻冬舎《げんとうしゃ》）2019
『野生《やせい》イヌの百科《ひゃっか》』（データハウス）2007

●参考《さんこう》にした本《ほん》の中《なか》でもとくにおすすめの本《ほん》

『生《い》きのこるって、超《ちょう》たいへん！　めげないいきもの事典《じてん》』（高橋書店《たかはししょてん》）2020
『飼《か》い主《ぬし》のための犬種図鑑《けんしゅずかん》ベスト185』（主婦《しゅふ》の友社《ともしゃ》）2017
『角川《かどかわ》の集《あつ》める図鑑《ずかん》GET！』シリーズ（ＫＡＤＯＫＡＷＡ）
『小学館《しょうがくかん》の図鑑《ずかん》NEO［新版《しんぱん》］水《みず》の生物《せいぶつ》』（小学館《しょうがくかん》）2019
『すみかで比《くら》べる 海《うみ》のいきもの図鑑《ずかん》』（朝日新聞出版《あさひしんぶんしゅっぱん》）2023
『世界動物大図鑑《せかいどうぶつだいずかん》』（ネコ・パブリッシング）2004
『動物園《どうぶつえん》を100倍楽《ばいたの》しむ！　飼育員《しいくいん》が教《おし》えるどうぶつのディープな話《はなし》』（緑書房《みどりしょぼう》）2023

このほかにも、さまざまな本《ほん》やホームページ、
動物園《どうぶつえん》や水族館《すいぞくかん》への取材内容《しゅざいないよう》を参考《さんこう》にしています。

監修者 今泉忠明（いまいずみ ただあき）

東京水産大学（現・東京海洋大学）卒業。国立科学博物館で哺乳類の研究、野生動物の生態調査などを行う。現在、日本動物科学研究所 所長。書籍の監修などで忙しい日々の合間に、日本各地の森に出かけ、フィールドワークも続けている。『ざんねんないきもの事典』シリーズ（高橋書店）など、著書・監修書多数。

イラスト ふじもとめぐみ

ころころ、もちもち、ふわふわで、ちょっとおちゃめな動物が得意なイラストレーター。オリジナルキャラクター「ぽてぽてこぶたちゃん」（フロンティアワークス）の書籍やグッズなども人気を集めている。
X(旧 Twitter)：@motitata

構成・執筆　木村悦子
執筆補助　高橋重司
マンガ　フクイサチヨ
デザイン　石松あや（しまりすデザインセンター）
DTP　能勢明日香
編集協力　株式会社アルバ
取材協力　すさみ町立エビとカニの水族館／鳥羽水族館／マリンワールド海の中道／おたる水族館

さらに！とにかくかわいいいきもの図鑑《ずかん》

2025年3月25日発行　第1版

監修者　今泉忠明
著　者　ふじもとめぐみ
発行者　若松和紀
発行所　株式会社 西東社
〒113-0034　東京都文京区湯島2-3-13
https://www.seitosha.co.jp/
電話　03-5800-3120（代）
※本書に記載のない内容のご質問や著者等の連絡先につきましては、お答えできかねます。

ISBN 978-4-7916-3390-6